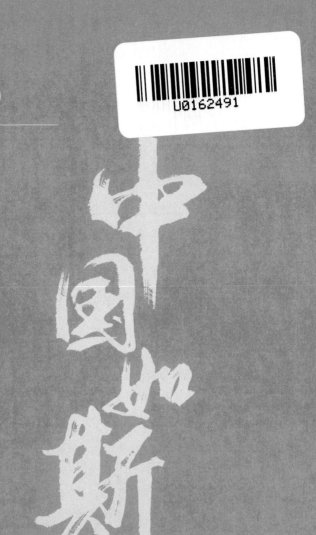

中国饮食文化

罗华志 ◎ 著

首都经济贸易大学出版社
Capital University of Economics and Business Press

·北京·

图书在版编目（CIP）数据

中国饮食文化 / 罗华志著. -- 北京：首都经济贸易
大学出版社，2024.1
（中国如斯）
ISBN 978-7-5638-3622-2

Ⅰ.①中…　Ⅱ.①罗…　Ⅲ.①饮食-文化-中国
Ⅳ.①TS971.202

中国国家版本馆CIP数据核字（2024）第004481号

中国饮食文化
ZHONGGUO YINSHI WENHUA

罗华志　著

责任编辑　薛晓红
封面设计　砚祥志远·激光照排
　　　　　TEL：010-65976003
出版发行　首都经济贸易大学出版社
地　　址　北京市朝阳区红庙（邮编100026）
电　　话　（010）65976483　65065761　65071505（传真）
网　　址　http://www.sjmcb.com
E - mail　publish@cueb.edu.cn
经　　销　全国新华书店
照　　排　北京砚祥志远激光照排技术有限公司
印　　刷　唐山玺诚印务有限公司
成品尺寸　170毫米×240毫米　1/16
字　　数　125千字
印　　张　10.75
版　　次　2024年1月第1版　2024年1月第1次印刷
书　　号　ISBN 978-7-5638-3622-2
定　　价　48.00元

"中国如斯"丛书编委会

主　编　任定成

副主编　谢忠强

编　委（以姓氏笔划为序）

王志峰　任定成　张　玮　张利萍

侯红霞　赵瑞林　谢忠强

弁言

　　中国与世界早已连为一体。世界各国跟中国打交道，就得了解中国。更为重要的是，中国人要发展自己，更得加深对于自身国情的了解。毛泽东早就说过，"认清中国的国情，乃是认清一切革命问题的基本的根据"。不仅如此，中国革命胜利后70余年的历史告诉我们，认清一切中国建设和发展问题，其基本根据仍然是认清中国国情。

　　对任何事物的认识都包括事实判断和价值判断两个方面。其中，前者是最基本的，后者建立在前者的基础之上。遗憾的是，目前涉及中国国情的读物，多是断语式的价值判断（重复诠释官媒观点），或者碎片式的事实呈现（自媒体的随意表达）。前者过于宏阔，后者则过于琐碎，在宏观和微观之间缺乏中观层面的描述，以至于中国人不认识中国，甚至有学者断言中国人需要在外国才能认识中国。

　　编辑这套"中国如斯"丛书的目的，就是希望弥补中观层面中国国情系列读物的不足，分专题向读者展示中国社会、中国文化和中华民族的方方面面。我期待作者们以原始文献为据，整合学界既有研究成果，呈现事实，准确系统地讲好中国故事，把判断和思考留给读者。

　　我也期待学界和读书界对这套丛书的选题和写法提出批评建议，通过读者和编者之间的互动，把这套书编好、写好。

任定成

2023 年 11 月 25 日

北京百望山下

前言

　　改革开放以来，随着中国社会的快速发展，特别是进入21世纪第二个十年以后，中国发展的历史进程跃入中华民族复兴的新时代，世界上逐渐兴起学习、研究、了解中国文化的国际潮流，中国人的文化自信也日益回归和增强。而其中，最容易为普通民众所接触、了解乃至喜爱的中国文化，自然是距离人们生活较近的、能够比较直观地感受到的、接地气的、生活层面的大众文化，如：既可以强身健体，又能赋予人以浩然之气的中国武术；既独树一帜、辩证奇特，又善于纾解疑难杂症、颐养生命的中医；既可以修身养性，又可以体验其不拘一格、自由创造的中国书法艺术；既载歌载舞，又有说有唱，集唱、做、念、打等于一体的中国戏曲；等等。这些中华优秀传统文化，受到越来越多的国人和外国朋友的深深喜爱。

　　不过，笔者觉得，最贴近普通大众生活、最容易被人们所感受和认知到的中国文化，非中国饮食文化莫属。

　　中国饮食文化是中华民族悠久灿烂、博大精深的传统文化的一个重要组成部分。诚如近代中国民主革命先驱孙中山先生所言："中国所发明之食物，固大盛于欧美；而中国烹调法之精良，又非欧所可并驾。"无疑，在新世纪以来兴起并日益升温的"中国文化热"的世界文化潮流背景之下，致力于传播弘扬中国饮食文化的出版物已然是林林总总、不在少数。但是，以往出版的中国饮食文化方面的书籍，大多局限在两个层面，要么是纯粹的学术研讨、高校专业教材类属，要么是零散的具体介绍菜系菜品制作方法及饮食文化典故的休闲类属。笔者则试图提供一种能够使大众读者、特别是世界各国的中国文化爱好者，通过阅读一册书籍，对历经几千年发展和积淀而成的中国饮食文化的基本内涵和主要特征，有一个总括的认知和把握的普及读物。本书对中国饮食文化形成、发展的历史脉络做了一个思想性、逻辑化的梳理，对中国饮食文化的基本内涵和基本特征进行了系统化的阐述，在此基础上，分专项介绍了中国饮食文化的独有元素——炒菜和筷子。总之，笔者力图在中观层面上，呈现一个历经几千年历史创造和积淀所形成的博大精深的中华民族饮食文化的整体结构和独特文化内涵。

罗华志

目录

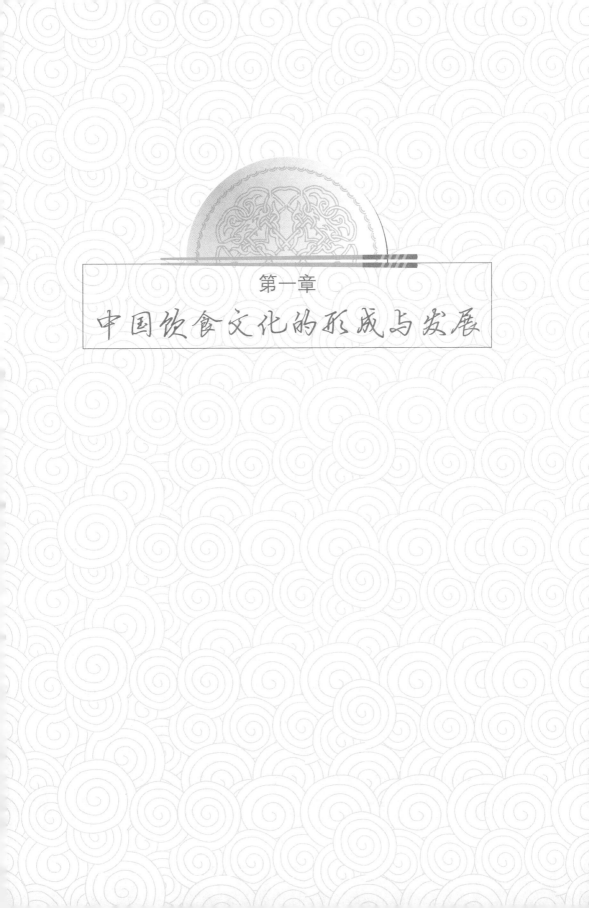

第一章

中国饮食文化的形成与发展

本书所述"中国饮食文化"或"中华饮食文化"，主要是指中华民族大家庭中的汉族，即华夏民族，从上万年前的远古旧石器时代中后期萌芽，到十九世纪四十年代鸦片战争前，在长期历史发展过程中所形成、发展、定型的中国饮食文化，不述及各少数民族在其历史发展中形成的饮食文化。

要真正了解中国饮食文化是一种怎样的饮食文化，其基本文化内涵是什么、具有怎样的民族特征，必须了解其产生、发展的历史过程，了解其基本要素发生的历史背景和历史环节。

一、饮食文化包括物质文化层面和精神文化层面

饮食文化，简言之，就是关于人类吃的生活文化。

人类的饮食活动不同于其他动物种族，其他动物种族只是单纯满足生存需要的进食行为，而人类饮食活动既具有满足生理上新陈代谢需要的物质生活属性，也具有满足心理上思想情感需要的精神生活属性；并且，生理上的物质生活需要的满足和心理上的精神生活需要的满足不是互不相干的、彼此孤立的，而是紧密联系、相辅相成、相互影响的。可见，人类的饮食文化，既包含物质文化层面，也包含精神文化层面，在社会生活中，人们的饮食生活往往是人的物质生活和精神生活融为一体的过程。

（一）物质文化是饮食文化的基础层面

我们的生命每日所必需的吃喝行为、饮食生活，首先属于物质文化范畴。

作为饮食的物质文化层面，一方面，它包括"吃什么"——人类从自然界获取哪些食物或食物原料，形成怎样的食物结构。一个民族或族群的食物结构，在根本上受到其民族或族群所赖以生存发展的自然环境条件，以及科学技术发展水平直接决定的生产力发展状况等因素的制约。同时，一个民族或族群已有的饮食历史文化传统，必然对其食物结构有着重要的影响。如：生存于沿海地区的人们，自然会以鱼虾类食物为主；生活于草原地带的游牧民族，必然食用肉、奶类较多；中原内陆地区的人们，食用谷物、豆薯类粮食较多，而同样是谷物粮食，中国北方地区多以麦类为主，中国南方地区则以稻谷为主。

另一方面，饮食的物质文化层面还包括"怎么做"（也是相对而言更重要的一个饮食物质文化因素）——一个民族或族群对食物原料采取什么样的烹饪方式和对食物味道的调和技术方法——这决定着民族饮食物质文化的基本内涵。如肉食有煮食和烤食等不同烹饪技术方式，面粉有烘焙和蒸煮等不同烹饪技术方式，蔬菜有生食凉拌（西方称salad）和炒食等不同烹饪技术方式。归根到底，一个民族或族群特有的饮食烹饪调和文化，是充分体现或标志其民族饮食文化内涵特质的文化要素，而这一重要民族饮食文化特质要素，则是由其民族世世代代对食物的烹饪技术、调和方法不懈的历史性创造、传承、积淀、演进发展所形成的民族物质文化财富，构成了一个民族最基础的物质文化。

（二）饮食文化的精神文化层面体现着整个民族文化发展水平及其特质

饮食文化作为精神文化现象，俗称"怎么吃"——这里的"怎么吃"不是指人们用刀叉还是筷子之类进食的技术方式，而是特指饮食活动所赋予的人与人之间的社会关系意义和人的精神生活意义——一是与社会政治生活相关联的精神性文化，二是与个人人生意义相关联的精神性文化。本书述及的整个饮食生活中的精神文化范畴，正是指人们在饮食活动中所体现和包含的社会政治生活形式和个人生活中人生心灵层面的精神生活意义。

首先，饮食活动的社会政治生活精神属性，在中国饮食文化中，主要是指从夏商周到明清的数千年奴隶制和封建制时代，与国家政治等级制度和家族宗法礼制相关的饮食制度、饮食礼仪。

儒家经典《礼记·礼运》说"夫礼之初，始诸饮食"，意思是说整个社会政治生活的礼仪制度和风俗习惯始于人们每日必需的饮食活动。在中华民族传承、培养人们在社会生活中行为礼仪礼节的重要途径和场合之中，就包括各种各样的社会公共宴会和家庭内部的一日三餐。这种社会生活所要求的礼仪文化秩序规范的确立、实行及其传承教育活动，伴随着社会成员的日常进食生活，日日进行、时时存在，如此往复，久而久之，古代社会生活中的君臣、父子、夫妇、兄弟、朋友等社会政治伦理秩序准则和宗族伦理秩序礼仪，自然而然就得以根深蒂固地形成、维护和延续，从而以此文化规范塑造、铸就了一个"文明古国、礼仪之邦"。

儒家经典《周礼》《礼记》《仪礼》中记载的饮食制度、社会生活礼仪十分细致、繁琐庞杂，几乎渗透于中国古代社会生活的各个方面。如，汉代学者何休注解《春秋·公羊传桓公二年》称："礼祭，天子九鼎，诸侯七。卿大夫五，元士三也。"意思是说，在古代祭祀活动中的用餐环节，规定只有周朝天子可以享用九鼎之多的丰盛肉食，诸侯可以享用七鼎之多的肉食，卿大夫可以享用五鼎之多的肉食，元士则只可以享用三鼎肉食。其中，天子的九鼎肉食分别是牛鼎、羊鼎、豕（猪）鼎、鱼鼎、腊（干肉）鼎、肠胃（动物内脏）鼎、肤鼎（切肉之鼎）、鲜鱼鼎、鲜腊鼎。而且，天子在九鼎之外，还有四个"陪鼎"：一个羞（调味料）鼎，三个羹鼎——牛羹（浓汤）鼎、羊羹鼎、豕羹鼎各一个。这是何等尊贵和威仪啊！大子在整个社会生活中的至尊地位，在本是简简单单的吃吃喝喝的饮食活动中得到了高度艺术化的表现和制度化的保障。古代社会森严而分明的社会政治等级制度，以及宗族伦理生活秩序，通过解决填饱肚子的日常吃饭一事，就这样被确立起来了。

其次，饮食的社会风俗精神属性，是指在民族的种种文化节日和人的生老病死、婚丧嫁娶等重要人生节点形成的饮食风俗习惯，这些风俗习惯往往也包含或显现了一个民族的思想、信仰、人生观、生活态度等精神文化。如，春节吃饺子的习俗，洋溢着家人团聚的幸福温馨，吃年糕则寓意生活一年比一年好、步步登高的美好愿望。对饮食文化和风俗的介绍不是本书编写的目的，故不具体展开叙述。

历史名馔：周天子至尊享用之八珍和炮豚

周朝（公元前1046—前256年）是中国古代历史上继夏商之后的第三个奴隶制王朝。

成书于春秋时期的《礼记·内则》是中国最早的饮食文献，书中记载了周朝供天子享用的一道历史名馔——八珍：淳熬（淳熬是将肉酱煎熬熟后，浇在稻米饭上；淳读作zhūn）、淳母（将肉酱煎熬熟后，浇在黍米饭上）、炮豚（páo tún，烤乳猪）、炮牂（páo zāng，烤羊）、捣珍（里脊肉捣制而成）、渍（新鲜细薄的肉片蘸调料而食）、熬（牛肉捣碎熬制的肉脯）和肝膋（烤制狗肝，膋读作liáo）。

现今按照古法炮制的炮豚

上面知识卡片中提及的炮豚，其制作工艺十分复杂：将一头小猪杀死后，取出内脏，以红枣填满其腹腔，用芦苇把小猪缠裹起来，再涂一层带草的泥，放在猛火中烧（这种方法古时候称作"炮"）；炮毕，剥去泥巴，揉搓掉烧制时猪体表面形成的皱皮，然后把稻米粉调制成糊状，涂遍小猪的全身（类似于今天的挂糊），再投入盛满动物油膏的小鼎内（动物油必须埋没猪身），将小鼎放入盛水的大锅中，大锅的水面不能高出小鼎的边沿，以免水溢入鼎中；用火烧熬三天三夜后，将小猪取出，用肉酱、醋等调和而食。

最后，饮食在个人心灵生活层面的精神属性，是指人类在长期的饮食生活实践中形成和确立的饮食思想、饮食理念、饮食价值追求等。

如，中国传统文化十分重视饮食问题，把饮食视为人生大事，两千多年前的儒家经典《礼记·礼运》说："饮食男女，人之大欲存焉。"就是说，饮食之事不是小事，而是人固有的内在的两个最基本的需要和欲望之一，作为人之"大欲"，不能不重视它，须认真积极地慎重对待。因此，中国古代政治家、军事家管仲指出，作为统治者必须懂得"王者以民人为天，民人以食为天"的治国之道，这可以说是中国古代朴素历史唯物主义的思想闪烁。

又如，几千年来，中国人把饮食生活看作是享受人生乐趣、追寻人生意义的一个重要方面，对于菜肴美味的讲究和追求达到了无以复加的境界——这一重要中国饮食文化要素将在本书后文具体展开阐述。如，两千两百多年前，秦国政治家、思想家吕不韦主持编纂的《吕氏春秋》第十四卷"本味"篇，在历史上首次系统地总结了先秦的烹调实践经验，介绍了当时美味肴馔的制作方法，对火候及调味从哲学高度做了专门的辩证阐发，对食物原料的自然之味（"本味"）、调味品的相互作用（"变味"）、通过烹饪调和创造出新的美味（"至味"）等做了深入细致的精彩阐述。在中国历史上的各个时期，都涌现出了一批批醉心于追逐食物享受的美食家群体，即"老饕"们，而且大量的文人墨客把自己追逐美食美味的经验心得诉诸文字，通过著书立说，留下了宝贵的饮食文化文献（具体参见本书第三章第一部分之"中国历史上的老饕"）。

二、中国饮食文化形成发展的历史演进过程

中国饮食文化可谓源远流长、博大精深、精彩独特，是整个中华民族优秀文化宝库中一颗璀璨的明珠，也是最大众化、最具有生活气息的民族文化。

"罗马不是一天建成的"，中国饮食文化是在中华民族数千年乃至上万年探索、创新、传承、积累这一长期历史实践基础上，形成的世世代代勤劳智慧的结晶和宝贵的民族文化财富。从上万年前远古时期的原始燎烤、燔而食之，到约 1 500 年前魏晋南北朝时期创造发明了铁锅炒菜这一独特的民族烹饪技艺，再到宋元明清时期形成日臻完备的民族饮食文化体系，中国饮食文化经历了从萌芽到成熟、从简单粗放的原始形态到博大精深的丰富精彩的灿烂形态。我们可以把这一悠久历史过程划分成四个历史阶段：火石燔炙的饮食文化起点时代，陶器蒸煮的饮食文化雏形时代，青铜蒸煮煎熬的饮食文化形成时代，铁锅蒸煮煎炒的饮食文化成熟完备时代。

（一）华夏民族的饮食文化起点——炮生而熟、燔而食之的火石燔炙时代

大约在旧石器时代中后期，古人类学会了原始熏烤、燔而食之，结束了茹毛饮血时代。从生食到熟食，是人类饮食文化的起点，也是开启人类文明的标志性节点。

无疑，不论哪个民族，其饮食文化都肇始于旧石器时代。彼

时，先民们逐渐掌握了取火熟食的技术，从而结束了漫长的生吞活剥、茹毛饮血、艰难生存的蛮荒时代。关于古人类掌握人工取火的重大意义，恩格斯在《反杜林论》中说："摩擦取火在解放人类的作用上，还是超过了蒸汽机，因为摩擦取火使人类第一次支配了一种自然力，从而最终把人同动物界区别开来。"①恩格斯在《自然辩证法》中还说："甚至可以把这种发现看作人类历史的开端。"②可见，在远古时代，古人类用火把生肉燎烤或炙烤为熟肉，既是从猿人彻底脱离动物种族、成为人类并由此区别于其他动物的一个重要节点和标志，又是人类饮食文化的发端和起点。

在中国北方，位于黄河中游的山西省芮城县的西侯度遗址，考古出土了带切痕的鹿角和动物烧骨。这是当前所知中国最早的人类用火实物证据，其年代经古地磁断代初步测定，距今180万年。在中国西南地区位于云南高原的元谋人遗址出土发现的遗迹中，除猿人牙齿和尖状器、刮削器、砍砸器等旧石器外，还有三层之多的和哺乳动物化石相伴的大量炭屑，以及两块被火烧过的黑色骨头——研究确认这些遗迹是早期人类用火的痕迹，中国科学院地质力学研究所用古地磁方法，测定"元谋人"距今170万年。

至于中国古人发明掌握人工取火技术的具体年代，考古学尚难以确切证实。尽管如此，上古时代燧人氏钻木取火的历史传说，已经深入人心。汉代典籍《礼纬》说："燧人氏始钻木取火，炮生为熟，令人无腹疾，有异于禽兽。""炮"就是利用钻木获取的火，对野生动物肉食进行燎烧、熏烤，去其异味、变生为熟。中国社会科学院

---

① 《马克思恩格斯文集》，人民出版社2009年版，第9卷第121页.
② 《马克思恩格斯文集》，人民出版社1971年版，第20卷第449页.

历史研究所2002年编制的《中国历史年表》中，把"三皇"之首"天皇"燧人氏所处的年代界定为100万年前，即其处于中国远古的旧石器时代中期。照此可以说，燧人氏作为中华民族可以考证的第一位祖先，发明钻木取火，掌握了火这一自然力，结束了远古时代华夏族古人一百多万年茹毛饮血的生食状态，自此，从前不易下咽的鱼鳖螺蛤之类也可以"燔而食之"了。这样不仅扩大了食物的种类和来源，也增强了华夏先民的体质体魄，减少了疾病；进食熟食更使人类脑髓和智力得以迅速进化和发达起来。总之，燧人氏发明人工取火，结束了中国古人茹毛饮血的历史，开创了华夏饮食文明。

知识卡片1-2

石头饼——现存远古时期的熟食法

石头饼的历史文化源远流长，是流行于中国黄河中游地区的山西和陕西地区的传统名点，它是用精制小麦面粉和鸡蛋为原料在滚烫石子上燔炙熟食的烙制食品，口味酥脆咸香。这一黄土高原的美食特产是远古时代火燔石烹的遗风，远古时期，黄河流域华夏先民发明了"石上燔谷"。据三国时期谯周所撰《古史考》记载："神农叫时民食谷，释米加烧石上而食之。"其他典籍中也多有所载，这种方法一直为后人所沿用。

延续数千年的石烹法

（二）中国饮食文化的开创和雏形——陶器蒸煮烹饪时代（历时约5 000年左右）

在陶器烹饪炊具出现之前，华夏远古先民"其燔黍捭豚，污尊而抔饮"。意思是在中古未有釜、甑等陶制炊具时，原始古人释米捭肉，置于烧石之上而食之；在地上挖个土坑收集雨水，以手掬水而饮。

原始火堆曾是人类智慧的最早源泉，火的反复使用促进了陶器的发明。

原始古人发现火烧过的黏土能变成一块块硬泥片，而且入火时什么形状，出火时基本仍是什么形状。于是，古人经过反复试验探索，发明了陶器，这大约是距今10 000到8 000年前的新石器时代早期。陶器应该算是人类社会在原始时代用土与火创造出来的最早的生活器具、物质文明，是泥土经受火的粹炼后的产物，是人类生存实践经验的升华与智慧的结晶。正如郭沫若所著《中国史稿》第一编第二章第二节所言："陶器的出现是人类在与自然界斗争中的一项划时代的发明创造。"

中国新石器时代早期，在黄河流域距今约10 300年前的河北磁山文化遗址出土的原始手制陶器，主要有陶盂、鸟头形陶支架、陶罐、陶鼎、陶钵、陶盘、陶碗、陶杯等。这些原始陶器陶质粗糙、造型简单、器形不规整、器壁较厚。其中，陶盂和鸟头形支架是磁山人的炊具，也是磁山文化的代表性器物。陶盂和陶支架作为炊具配合使用，用三个平顶支脚将一个平底陶盂托起，用来生火做饭，这应当是后来的锅和灶的萌芽、雏形、渊源。在磁山文化遗址中，不仅发现了大量早期的陶制炊具，而且发现在发掘的400多个灰坑中，有80多个窖穴底部堆积有大量的粟灰，其中，竟有10个窖穴的粮食堆积厚近2米以上，这在新石器时代早期文化遗存中是少见的。粟的出土尤其是粟的标本公之于世之后，引起了国内外专家的极大重视。总之，磁山文化遗址中的早期陶制炊具和大量粟谷遗灰，充分表明华夏先民进入了使用陶器进行蒸煮烹饪的饮食文明时代。同时，以往世界上认为粟起源于埃及、印度，而磁山文化遗址证明了中国是粟出土年代最早的国家。

约在距今8 000到5 000年前，华夏民族进入了新石器时代中后期，华夏文明出现了趋于成熟的陶制炊具——陶釜、陶鼎、陶鬲、陶甑、陶甗，开启了华夏民族真正的饮食烹饪文化纪元。在黄河流域的龙山口文化、大汶口文化、仰韶文化后期，长江流域的屈家岭文化、马家浜文化、良渚文化，以及珠江流域和辽河流域的新石器时代遗址，都普遍出土了大量的轮制陶器——这是中国远古时期制陶业的一次质的飞跃，因为陶钧的发明使用，使陶器制作效率大大提高、陶器品质大为改善。这就出现了作为谷物粮食炊具的陶鬲、陶甑和陶甗。陶鬲和陶釜、陶鼎都是水煮炊具，区别是：釜底部无足，鼎有三个实心足，鬲则是三个空心足；鼎比较大，主要用以煮肉食，负载大，故实心足，而鬲主要是用来煮谷物粒食（粟、黍、稻），负载小，故空心足，能使火烧触面积增加，缩短煮制时间。陶甑是一个圆盆形状、底部有多个方孔或圆孔的箅子，用于置于鼎、釜等上面蒸熟食物用，仰韶文化半坡遗址中已有出土，陶甗是由陶鬲和陶甑结合构成的炊具，煮饭时，先把谷物籽粒放入鬲中煮到颗粒膨胀，再捞到甑里蒸，甗俨然已经是一个蒸煮两用的高级炊具了。

陶釜和陶灶

陶鬲

陶釜、陶鼎、陶鬲、陶甑、陶甗是新石器时代最早出现的陶制炊具，这些陶制炊具的发明使用，促使华夏先民的饮食生活发生了两方面飞跃，开启了中华民族独特灿烂的饮食文化发展史：

第一，这一系列陶制炊具的使用，实现了烹饪技术的第一次飞跃——华夏祖先摆脱和超越了简单粗放的烧烤燔炙、火煨石烹一类最原始的熟食方式，变革为结构化的水烹汽蒸方式，使华夏民族真正进入了更高层次的烹饪文化时代。

第二，这一系列陶器炊具在饮食活动中的普遍使用，历史性地成为华夏民族数千年来的食物结构、主副食文化形态——以蒸煮谷物"粒食"即粮食为主食，以蔬（菜）、（瓜）果、（动物）肉为副食——的奠基石。其历史性意义体现在以下两点：

其一，以谷物粮食为主要食物原料蒸煮烹饪而成的饭、粥，是中国人的主食，以蔬菜和肉食烹饪而成的荤素菜肴为副食，历经数千年的发展，积淀成为华夏民族饮食结构的基本形态。这里"饭"取其本义，仅指煮熟的谷类食品，时至今日，中国南方有些地方依然只把蒸煮熟的大米才叫作"饭"，而不把面食和菜肴叫作"饭"。而实际上，"饭"在今天整个中国社会生活中已泛指人们的一日三餐。

华夏民族蒸谷为饭，烹谷为粥。饭、粥，是先用石磨盘和石磨棒碾磨去其外壳，而后用陶制炊具蒸煮而成。人们熟知的儒家学派创始人孔子的饮食名言"食不厌精，脍不厌细"（出自《论语·乡党》），意思是说，谷子去壳要充分、米粒要饱满、纯精，不吃夹杂着谷壳渣和破碎的米粒，肉要切得薄而均匀[①]。显然，这样的谷物主食蒸煮文化，从根本上不同于欧洲和中东地区以烘烤熟食为主（其成品为面包或馕）的饮食文化。三国时期蜀汉史学家谯周（公元201—270年）所撰《古史考》说，"黄帝始做釜甑，火食之道使成""黄帝始蒸谷为饭，烹谷为粥"。由此，黄帝被看作华夏烹饪文化的始祖。

同时，分布于黄河中游地区的河南裴李岗文化遗址，属于距今约七八千年前的文化遗址，该遗址出土的石磨棒、石磨盘、石刀、陶刀，表明华夏先民已经可以把大块的肉食切割成便于放入陶制炊具进行烧煮炖蒸的小件小块，并用盐来调味。这也许就是几千年中国饮食文化之美味菜肴的渊源，直到后期"炒"这一经典而精彩绝伦的烹饪技艺出现后，中国饮食文化独树一帜的烹饪方式达到了烹饪文化的至尊境界。

其二，以陶制炊具烹饪谷物粒食，使中原地区的华夏民族有别于周边地区少数民族的饮食风俗。秦代以前，以种植谷物粮食为主体农业的中原地区华夏先民，曾很正式地自称为"粒食者"，而把

---

① 孔子时期，人们是将谷子放入石臼里舂捣去壳，而不是用石磨盘和石磨棒碾磨去壳，石磨、碾子在战国或秦汉才出现。

中原周边的少数民族东夷、北狄、西戎、南蛮称作"不粒食者"或"不火食者"。两千多年前，西汉礼学家"小戴"（戴圣）所编儒家经典《礼记·王制》写道："东方曰夷，被发文身，有不火食者矣……西方曰戎，被发衣皮，有不粒食者矣；北方曰狄，衣羽毛穴居，有不粒食者矣。"在中国古文典籍中，"粒食者""粒食之民"频繁使用或出现。如，公元前五世纪的先秦时期的思想家、墨家学派创始人墨子说，"四海之内，粒食之民……"（《墨子·天志》）；在西汉礼学家"大戴"（戴德）所著《大戴礼记》中的《用兵》和《少闲》两篇中，"粒食之民"就出现七次之多；公元一世纪东汉思想家王充说，"四海之外，不粒食之民"（《论衡·儒增》）。

"粒食者"的粒，包括南方地区的稻米、北方地区的小米（粟和黍）、豆类等，"粒食者"概念的初始使用目的，意在将以农耕种植经济为主的中原地区与以采集野菜和猎获禽兽肉食为主的周边区域区别开来。直到17世纪，明代著名科学家宋应星所著《天工开物》①中指出，从神农到唐尧"粒食已千年矣"。

显然，"粒食"不同于"面食"。与"粒食"相对而言的"面食"——把小麦颗粒（或其他粮食颗粒）磨制成面粉，再使用煮、蒸、烙、煎、烤等烹饪方法做成各种各样的"蒸饼""汤饼""烧饼"等面粉食品，最早出现也得是秦汉时期了（见本章后述）。大约在汉朝到南北朝时期的北方地区，面食逐渐取代了粒食。

综上所述，新石器时代中后期，古代中国的中心地区——中原地区——已结束了完全以原始采集游猎为生的时代，进入稳定农耕生产的定居时代，初步形成了北方黄河流域地区以种植谷子（粟

---

① 《天工开物》是世界上第一部关于农业和手工业生产的综合性科学技术著作，初刊于1637年。

和黍）、食用小米为主食，南方长江中下游流域和珠江流域以种植稻谷、食用大米为主食的"南稻北粟"南北饮食文化格局。同时，南北方各地也都发展起了以蔬菜栽培和家畜饲养为辅的经济文化形态，马、牛、羊、鸡、犬、豕六畜入馔了。由此，开创了华夏民族独特而灿烂的饮食文化和烹饪文明。可以想象，8 000到5 000年前，广袤的中华大地上，从北到南——辽河流域、黄河流域、长江流域、珠江流域，已然是遍地炊烟袅袅、"陶"香四溢。

知识卡片1-3

从南稻北粟到南稻北麦——中国农业生产格局的演变

2019年第1713期《中国社会科学学报》上刊登的赵志军《南稻北粟：中国农业起源》指出：

中国的农业起源可分为两条源流：一是以长江中下游地区为核心、以种植水稻为代表的稻作农业起源；二是以沿黄河流域分布、以种植粟和黍两种小米为代表的北方旱作农业起源。

在南方距今8 000年前后，是农业起源的关键阶段，在长江中下游流域为主的南方地区，根据量化分析，水稻是当时人们最重要的食物资源。在北方距今7 000年到5 000年间，在渭水流域、汾河谷地、伊洛河流域等几大黄河支流地区发现的仰韶文化时期考古遗址已多达2 000余处，表明以种植粟和黍两种小米为代表的旱作农业生产取代了采集狩猎。

进入农业社会阶段之后，南方地区的稻作农业的生产技术和生产规模不断发展，而且以水稻为主体农作物的生产特点至今都没有改变。北方旱作农业在发展进程中发生一次重大转变，距今4 000年前后，起源于西亚的小麦传入中国。再后来，凭借其优良的高产品质，小麦逐步对中国本土的粟和黍两种小米产生了冲击，并最终取代小米成为北方旱作农业的主体农作物。从此奠定了数千年来"南稻北麦"的中国农业生产格局，一直延续至今。

（三）中国饮食文化的初步形成——青铜器蒸煮煎熬烹饪时代（历时约1 600年左右）

公元前21世纪到公元前5世纪，约1 600多年，是中国社会的青铜时代，历经夏、商、周（包括春秋战国时期）三个先秦时代的奴隶制国家产生、发展和衰亡。在这个历史时期，中国饮食文化进一步形成和稳定发展，其主要饮食文化成就有：

第一，随着谷物粮食种植生产和蔬菜水果种植生产，以及家畜饲养生产的进一步扩大发展，以谷物粮食为主食、以蔬菜水果和肉食为副食的中华饮食基本结构稳定成形。

在公元前21世纪到公元前5世纪的夏、商、周三代历史时期，中国饮食文化逐步稳定成形，即以种植谷物粮食食物为主、以动物肉食和菜食为辅成为基本特点，这也是现今中西饮食文化的重要差别之一。

在这个时期，种植生产和养殖生产所提供的烹饪原料已相当丰富。据《周礼》《仪礼》《诗经》等古籍记载，谷物原料有粟、黍、稷、菽、麦、稻等粒食；蔬菜品种也异常丰富，有各种瓜类、蔓菁、萝卜、苦菜、荠菜、豌豆苗、竹笋、枸杞等，水生蔬菜有蒲、莲藕、水姜、水藻、莼菜、萍、水葵、荸荠、菱角等，还包括韭、葱、蒜头、紫苏、青椒、姜等调味蔬菜，以及各种野生菌类。肉类食物包括两类，一类是家畜，牛、羊、豕、犬、马、鸡等，一类是野生动物和鱼类。随着肉类食物的普及，人们开始食用动物脂膏。

由西周时期尹吉甫采集编撰、经春秋时期孔子编订的中国最早的诗歌总集《诗经》，集中反映了从西周初年至春秋中叶大约500年（前11世纪至前6世纪）丰富多彩的我国中原地区古代社会生活的具体面貌。其中的《生民》篇写道："或舂或揄，或簸或蹂。释之叟叟，蒸之浮浮。"意思是对谷物去皮脱壳，簸去米糠，加以揉搓，制出精米，然后再通过反复淘洗，最后蒸制出香喷喷的米饭。简单的十六个字，生动、具体、形象地描写了西周时期人们的日常饮食生活场景。

香甜可口的甘肃特产——土豆饼

　　第二，调味品品种数量日益增多，开启了追求肴馔美味带来的精神慰藉和享受的饮食生活。

　　这一时期的调味料中，有许多自然调味料，如盐、梅子、蜂蜜、花椒、桂皮、生姜、大蒜都已普遍运用。其中，盐有齐鲁海盐、魏韩池盐、巴蜀井盐；梅子含果酸，用以清除鱼肉的腥臊及软化肉质。此外还有不少人工调味料，如醢（读作hǎi）、醯（读作xī）、酒等。

　　醢，是对在夏代就已经发明的，用肉类或鱼类为原料，经由发酵做成的调味品的称呼。醢是酱的前身，在今天的中国沿海地区（如山东半岛、福建、广东等地），还能看到一些鱼酱、虾酱、蟹酱的制作，尤其是广东潮汕地区，将鱼露称为"醢汁"，将腌制的海产品称为"咸醢"。这里，"醢"就是指用鱼虾肉制成的酱料，与古代的字义完全相同。除了以动物肉类制成的调味品——醢外，后来又发展起来用植物类原料（菽麦类）发酵制作调味品，之后"酱"这个字才应运而生。

丰富多彩的中国调味料

醯，是古代对醋的称呼，是用来取代青梅、柠檬等自然调味料的酸性调味品。

酒，在中国历史上约起源于夏代初期或更早，用酒调味是中国饮食烹饪一大发明，酒不仅能消除鱼、肉的腥臊异味，还能给食物增加一种鲜香之味。

周代贵族筵席上已有许多添加调味的菜肴，如用醋浸渍的瓜菜，用牛百叶、大蛤蜊制成的齑（读作jī，指捣碎的姜、蒜、韭菜等），还有鹿脯、豚脯、鹿肉酱、蟹肉酱、腌鱼等。从周朝开始，历史上关于"酱"的食用和制作过程就有了比较详细的记载，甚至周王朝还出现了专司调味的官职：醢人和醯人。《周礼·天官冢宰》中写道："醢人掌四豆之实。"这里的"豆"不是粮食那个"豆"，而是古代专门盛肉的一个食器，专门用于祭祀的一种器具，不过"豆"中所盛的肉食是一种加工好的调味品，即"醢"。《周礼·天官冢宰》又写道："醯人掌共五齐七菹，凡醯物。以共祭祀之齐菹，凡醯酱之物。"意思是，醯人掌管五齑、七菹等调味料，都是需要用醯调和的食物；用于祭祀所需的齑、菹，都属于醯酱之物。

第三，由陶制炊器具发展到铜制炊器具，饮食炊具餐器逐步多样化和精致化。

这个时期上层贵族阶层的烹饪炊具是以铜制的鼎、鬲、甗为主，还有陶制的甑和釜；平民阶层所用炊具仍是陶制的釜、鬲、甑、甗之类。

铜鼎，既是炊器，也是作为贵族阶级统治阶层的权力和地位象征的礼器。铜鼎分为专用于烹饪的镬鼎（镬读作huò，古代煮牲肉的大型烹饪铜器）、筵席间陈设盛装牲肉的升鼎和备餐的羞鼎。此外，上层社会的餐饮器，还有原始瓷器、玉石器、骨牙器、漆器、竹木器。距今3 000多年前的中国河南安阳殷墟遗址妇好墓出土的铜制"汽柱甑形器"汽锅和"三联甗"，堪称稀世绝品，令人惊叹。这些铜制炊具呈现的精湛技艺，充分反映了中华蒸煮烹饪饮食文化的发展水平。

知识卡片1-4

中国古代炊具：青铜鬲

"鬲（lì）"字，最早见于商代甲骨文，鬲的古字形，像口圆、三足中空的器具。中国历史上，新石器时代晚期已经出现陶鬲，商周时期陶鬲与青铜鬲并存。其造型口沿外倾，有三个中空的足，便于炊煮加热。铜鬲流行于商代至春秋时期，商末期慢慢变成礼器，周朝极少使用。

铜鬲

知识卡片1-5

世界上最早的蒸汽装置：3 000多年前的"汽柱甑形器"

甑（zèng）是中国古代蒸食用具，为甗（yǎn）的上半部分，与鬲（lì）通过镂空的箅（bì）相连，用来放置食物，利用鬲中的蒸汽将甑中的食物煮熟。

"汽柱甑形器"，1976年出土于安阳殷墟妇好墓（好，古音zǐ，同子姓），为商晚期文物，口径32.5厘米，通高15.5厘米，重4.7千克，现藏于河南博物院。汽柱甑形器，是与鬲或釜等炊具配套使用的一种铜制炊具。其外观造型为敞口深腹大盆，盆腹部两侧有把手供端拿，最特别的是盆底内中央有一中空透底圆柱，柱头做成立体花瓣形状，且四片花瓣中间还包裹一突起花蕾，花蕾有四个柳叶形汽孔，沿口外壁铸有两组纹饰，上为夔（kuí）龙纹，下为周垂三角形的变体蝉纹，腹内壁有铭文"好"字。

商代妇好墓出土的青铜炊具——
汽柱甑形器

把甑形器放在鬲或釜等盛满热水的炊具上，蒸汽通过它的中空圆柱进入甑内并经柱头的花瓣汽孔散发进入甑器内部。甑器口加盖，使蒸汽封闭于甑腹之内而无法外泄，从而通过蒸汽的高温热能将甑内围绕中柱放置的食物加工蒸熟。无疑，这件3 000多年前的汽蒸铜锅设计构思巧妙，制作精湛，丝毫也不逊色于现今之科技。

第四，饮食烹饪技艺方法初步形成一定的体系、格局。

后世通行的烹饪流程环节，食材选料、刀法切配、水煮汽蒸油烹、调和味道、装盘造型等，在这个千年青铜炊具和餐具时代，已然初步形成体系、格局。其中，在不断改进完善原有的水煮汽蒸和烧烤燔炙的基础上，新增了用动物油（即脂膏）烹饪熟食的油烹法——煎和熬（这应当是后世发明的"炒"的前身）。煎就是用动物脂膏进行油煎，把食材放在釜中，釜下生火，以脂膏为热能介质来熟食。熬与煎相同，只是还要在食物中放入桂、姜、盐等调味料。古人在不同情况下会使用不同动物油（脂膏）来烹饪，公元前 1 000 多年西周著名政治家周公旦所著《周礼·天官》中的《庖人》篇记述，掌管天子膳馐时，供应肉食的官员根据不同的季节，使用不同的油煎制鸟兽肉食：春天用牛油煎羊羔、乳猪，夏天用狗油煎野鸡肉干、鱼干，秋天用猪油煎牛犊和鹿崽，冬天则用羊油煎鲜鱼和大雁。

第五，中国饮食文化包括八大菜系，历史上最早形成的是四大传统菜系——鲁菜、苏菜、川菜、粤菜，在春秋战国时期就已经产生了其中三大菜系的雏形。

在北方地区的黄河下游流域，齐鲁饮食文化历史悠久，烹饪技术比较发达，形成了中国最早的地方菜系——鲁菜的雏形；在南方地区的长江中下游流域，古楚人曾经统一了东南半壁江山，占有今天的"鱼米之乡"长江中下游平原，一年四季都有水产、畜禽、菜蔬联翩上市，为烹饪技术发展提供了优越的物产环境，并融合了南方很多民族的饮食风俗，逐渐形成了后世的苏菜的雏形；在西边，古秦人占领了古巴国和蜀国，战国时代著名水利工程专家李冰修建都江堰，把水患之乡变成了天府之国，加之大批汉中移民到来，在古巴蜀的饮食风俗基础上，形成了川菜的前身。

总之，自夏、商、西周三代到春秋战国时期，华夏饮食文化经历了约1 600年的演变、发展，为以后丰富多彩、博大精深的中华饮食文化积淀了深厚的历史基础。

（四）中国饮食文化的发展昌盛和成熟完备——铁器蒸煮煎炸爆炒烹饪时代（历时2 000多年）

公元前221年至公元1840年，是中国社会从秦汉到明清2 000多年的漫长历史时期，是中华文明不断发育成长、发展丰富、开花结果，取得辉煌灿烂成就的历史阶段。正是在民族文化源远流长、生生不息这一宏大的历史背景下，中国饮食文化，无论是在物质文化层面，还是在精神文化层面，诸方面、诸环节、诸因素都获得充分深入的演化蜕变、发展创新、积累沉淀、完善成熟，最终结出了独特璀璨的民族饮食文化果实，形成了博大精深的饮食文化体系。

在这长达2 000多年的历史中，中国饮食文化的发展成就，包括以下几个方面：

第一，随着中国社会农业经济根深叶茂，种植和养殖业不断深入发展，以及通过与域外国家、地区之间的交流引进了大量物产品种，在"吃什么"这个食物原料环节，逐步形成了极为丰富多样的食材食源结构，无论是食物主料，还是辅料和调味料，种类品种多种多样，数不胜数。

单就食物主料而言，稻麦豆薯、干鲜果蔬、禽畜鸟兽、蛋奶菌藻、本草花卉、昆虫野菜，从人类栽培的成百上千的种植农作物、养殖的家畜家禽水产，到自然界生长的无数的野生植物和动物，凡是可以食用的，均可纳入中国人的食源。据北魏时期杰出农学家贾思勰所著《齐民要术》[①]记载，当时中国人栽培的蔬菜种类是31种。经过大约1 000年的发展之后，在明朝著名医药学家李时珍所著《本草纲目》[②]记载的中国人栽培的蔬菜已有105种。在明太祖朱元璋第五子植物学家朱橚（公元1361—1425年）所著《救荒本草》[③]中，记载的可食的野生植物有414种。据统计，到清朝末年，入菜原料已多达2 000多种。

自秦汉时期开始，烹饪调味料的品种便不断增加，阵容日益壮大。天然调味品中，咸味调料（盐有井盐、池盐和海盐之分）、酸味调料、甜味调料、辛辣调料、芳香调料分别都有十几种到二十种不等。人工酿造调味料，常用的有酱、酱油、醋、料酒、豆豉、腐乳等。其中，到元明清时期，醋的品种日益增多、风味各异；明李时珍《本草纲目》记载有米醋、麦醋、曲醋、柿子醋、糠醋、糟醋、饧醋、桃醋、葡萄醋、大枣醋、糯米醋、粟米醋等数十种。

须明确一点，无论这两千年间中国人的食物原料如何日渐丰富，中华民族在周代就稳定成形的以植物性食物（素食）为主、动物性食物为辅的基本饮食结构，根本上没有发生变化，实际上也不会发生变化，因为这在几千年的民族文明发展历史过程中被证实有其合理性、科学性（参见本书第二章有关叙述）。

---

① 《齐民要术》大约成书于北魏末年（公元533—544年）。

② 《本草纲目》凡16部、52卷，约190万字，编写历时27年（公元1552—1578年）。

③ 《救荒本草》最早于1406年刊刻于开封，所记载414种野生植物均配有精美的木刻插画。

《齐民要术》中的中国饮食文化

　　贾思勰，中国古代杰出农学家，约于北魏末年（公元533—544年）著《齐民要术》。《齐民要术》是中国古代历史上四大农书之一，全书共计11万字，作者在书中全面系统、完整翔实地总结记录了中国历史上自秦汉以来黄河流域的农林牧副渔等农业生产先进技术和珍贵经验。

　　中国作为古老农业文明大国，《齐民要术》可谓是中国现存最早、最完善和最重要的大型农学百科全书杰作，也是世界农学史上最早名著之一。英国科学技术史专家李约瑟曾指出，《齐民要术》在世界科技史上有着重要影响，美国、英国、意大利都曾有专门《齐民要术》研究机构，并称之为"贾学"，日本和韩国的很多相关产业技术源于《齐民要术》。

　　《齐民要术》共92篇，其中涉及食品酿造、烹任调味等饮食生活的内容占25篇，详细而严谨地阐述了造曲、酿酒、制盐、做酱、造醋、做豆豉、做斋、做鱼、做脯腊、做乳酪、做菜肴和点心等制作过程，如，在"作酱法第七十"中，详尽叙述了豆酱、肉酱、鱼酱、榆子酱、虾酱等的制作方法，该书是对数千年中国食品酿造技术最早的历史记述。《齐民要术》所列举的食品、菜点品种约达三百种，记述菜肴烹饪方法多达二十多种，有酱、腌、糟、醉、蒸、煮、煎、炸、炙、烩、熘等，特别是记述了中国饮食中独有的"炒"这种旺火速成的烹饪方法。

　　第二，在两千多年的封建社会历史时期，国祚四百多年的汉朝、近三百年的唐朝和三百多年的宋朝，是中国古代社会中科学、技术、文化艺术繁荣昌盛、历史性成就显著的三个时期。在此历史背景下，中国的烹饪技术、饮食文化迎来了创新叠生、发展升级的灿烂纷呈的时代，造就了中国饮食文化在世界饮食文化中的独特地位。这个时代较为突出的变革性、飞跃性的中国饮食文化成就，具体来讲有三个方面：

　　（1）煤炭的使用提供了强劲的火源保证，为水煮汽蒸油烹的核心烹饪技术提供了良好的能源条件。

　　中国是世界上最早用煤作燃料国家，汉朝时期（公元前202年—公元220年），煤炭的开采使用为饮食烹饪提供了优质高效的新能源。不过，汉代煤炭主要用来冶铁，用于烹饪可能是在东汉末年。汉时，煤炭被称作石炭。相比之前的杂草、树枝、木材、木炭等燃料，煤炭作为烹饪燃料，火力强悍，火势旺盛，这便促进了灶具技术的改进和火源性能的大幅提高，为中国饮食的核心烹饪技术方法——"水煮汽蒸油烹"提供了良好的能源条件。

　　到南北朝时期（公元420—589年），北方地区已经盛行用煤做烹饪燃料，而到了唐代（公元618—907年），煤已成为全国常见常用的燃料。

　　进入北宋王朝时期（公元960—1127年），煤作为烹饪燃料大有代替价格较贵的木炭之势，成为酒馆食肆和百姓居家生活必不可少的燃料。

　　（2）植物油的出现，为煎炸爆炒等油脂烹饪技术，特别是炒菜这一炒烹技术的全面发展提供了丰富的食用油油脂条件。

　　秦汉以前，用铜制炊具进行油烹（油煎油熬），使用的是牛油、

猪油

狗油、猪油、羊油等动物油。当时把动物油叫作脂膏，东汉文字学家许慎编著的《说文解字》中解释："戴角者脂，无角者膏。"就是说，动物有角的（如牛羊之类），其油称为脂；无角的（如猪狗之类），其油称为膏。唐代《孔颖达疏》称"凝者为脂，释者为膏"，意思是脂为凝固状，膏较稀状。

自汉代开始，烹饪时已经在使用大豆油、芝麻油、菜籽油等植物油。二十世纪七十年代发掘的湖北江陵凤凰山西汉墓中，就曾出土了大量油菜籽。西汉张骞从西域引入的胡麻（芝麻），因其含油量丰富，被人们所喜爱和食用。芝麻油可能是植物油中最先大量出现并用来食用的。东汉时期农学家崔寔（约公元103—170年）在其所著《四民月令》中，多次提到种植、买卖胡麻，反映出胡麻在人们日常生活中的重要性。

三国时期（公元220—280年），人们已大量使用芝麻油。到了南北朝时期（公元420—589年），植物油品种增加，价格也便宜，使用已较为普遍了。据北魏贾思勰《齐民要术》记载，当时芝麻油、荏子油和麻子油均用于烹饪。

（3）铁锅的使用，提供了导热性好、耐烧耐高温的良好炊具条件，使以炒为代表的油烹技术实现了飞跃式发展。

历史上，中国是在战国时期进入铁器时代的，但当时铁主要用于冶铸农具和兵器，铁制锅釜炊具较少。

从汉代到唐宋这一千多年间，冶铁业的发展使得在战国时期崭露头角的铁制锅釜炊具到南北朝时期逐渐开始普及，到了唐宋时期则普遍使用、广为普及。铁制炊具的发明和使用，大大加速了中国烹饪技术发展的历史进程，带来了中国烹饪文化的又一次飞跃。

铁质炊具铁锅、铁釜、铁镬（镬读作huò，古代的大锅）、铁鬲，比陶制炊具导热性好，且更耐烧耐高温，为中国饮食的核心烹饪技术——"水煮汽蒸油烹"提供了更为有利的炊具技术条件。据北魏贾思勰所著《齐民要术》记载，北方有很多供应铁釜的店铺，铁制炊具在南北朝时期已经为人们所接受，渐渐普及。这就使一些快速制作菜肴的新的油熟烹饪方法——（油）煎、（油）炸、爆（炒）、（油）炒、（油）贴、油（氽，音tun）、（油）烙等应运而生，自然也使原有的水煮水炖、汽蒸汽烹等烹饪技术得到根本性的发展进步和提升完善。炒（铁锅炒菜）这一中国饮食独有的独特烹饪技术，发明出现于公元五六世纪北魏时期，只是"炒菜普及的时间是宋代"[①]。"炒"这一烹饪技术的发明，可以说是中国饮食烹饪文化发展史上的大事，可谓"历史性的成就"，它带来了中国饮食文化史上一场烹饪技艺的变革和飞跃（参见本书第三章）。

总之，铁锅的出现和使用，对中国烹饪技术具有深远的变革意义。铁锅使得以炒为代表的煎、炸、爆、炒等烹饪方法，成为中国烹饪的独特核心元素。甚至有人说，铁锅可以说是中国的第五大发明，铁锅给中华民族世世代代的饮食生活带来了各种各样的美味佳肴，乃至心灵慰藉。

[①] 高成鸢：《味即道——中国饮食与文化十一讲》，生活·读书·新知三联书店2018年版，第246页。

公元前2世纪中国人发明豆腐

豆腐是一种营养丰富、历史悠久的中国独有豆制品食物，豆腐内含人体必需的多种微量元素，还含有丰富的优质蛋白，素有"植物肉"之美称。豆腐的消化吸收率在95%以上，这样的健康食品一直深受大家的喜爱。而且，豆腐物美价廉，适合搭配多种食材，无论是肉类还是蔬菜类，都可烹制出美味佳肴。

据传说，西汉淮南王刘安是中国豆腐发明者。

刘安（公元前179—前122年）是汉高祖刘邦之孙，西汉时期文学家。当时淮南一带盛产优质大豆，这里的山民自古就有用山上珍珠泉水磨出的豆浆作为饮料的习惯。一天，淮南王刘安端着一碗豆浆，在炉旁看炼丹出神，竟忘了手中端着的豆浆碗，手一斜，豆浆泼到了炉旁供炼丹的一小块石膏上。不多时，那块石膏不见了，豆浆却变成了一摊白生生、嫩嘟嘟的东西。有人大胆地尝了尝，觉得很是美味可口。随即刘安让人把他没喝完的豆浆连锅一起端来，把石膏碾碎搅拌到豆浆里，一时，又结出了一锅白生生、嫩嘟嘟的东西——这就是中国豆腐发明的故事。

第三，从汉朝到南北朝时期，在北方地区，面食逐渐取代粒食，小麦面食和玉米面食成为北方地区最重要的主食，最终促使"南稻北粟"的南北地域饮食文化格局演变为"南稻北麦"的南北地域饮食文化格局。

石磨，最初称硙（wei），汉代才称作磨。据先秦古籍《世本》记载，石磨是春秋时期著名创造发明家鲁国人鲁班（即公输盘）发明的。在北方地区，人们用石磨把谷物颗粒粮食碾制成粉末状——面粉，取代了之前用木杵石臼之捣砸器法，

"植物肉"——豆腐

从根本上提高了加工面粉的生产效率。到了"秦汉时期，石磨已遍布全国，用小麦磨出的面粉又白又细，很是好吃。原本不易下咽也不易消化的粗粝之食——小麦，开始身价倍增"①。

使用石磨把小麦颗粒加工制成面粉，再使用铁制炊具进行煮、蒸、烙、煎、烤等烹饪熟食加工，做成各种各样的"蒸饼""汤饼""烧饼"等面粉食品，从而使新石器中后期就开始的人们对谷物粮食的粒食方式转变为面食方式，这是一个重大的变化和进步，给饮食生活带来深远的意义。同时，面食取代粒食成为主食，离不开面粉发酵技术。早在夏商时期，华夏先民就掌握了发酵技术，夏商时期人们把发酵技术用于造酒；到周代，又用于制酱；到东汉末年——也就是在小麦面粉能够大量加工生产的背景下——开始把发酵技术用于面食制作；而到了南北朝时期，通过发酵技术制作面食已经十分普遍了。北魏贾思勰所著《齐民要术》曾对发酵技术做了详细记载。

古人把面食皆称为"饼"，意思是把面粉用水和到一起"合并"起来的食物都称"饼"，"饼"是古代面食共同的名称。而由于具体烹

---

① 黄耀华：《中国饮食》，时代出版传媒股份有限公司 2012 年版，第 10 页。

饪方法不同，便有了"蒸饼""汤饼""烧饼"的区分。

"蒸饼"是指在中国北方地区，通过蒸制方法熟食的面食产品，就是后世被称作馒头、花卷、包子等面食成品的统称。其中，馒头是一种以小麦面粉为主要原料、用发酵的面团蒸制而成的面粉熟食，是中国北方地区人们的传统日常主食之一。馒头古称"蛮头"，别称"馍""馍馍""蒸馍"。中国发酵面食中最早也最典型的是馒头，古代的馒头都是有馅的，与包子互称，有绿荷包子、羊肉馒头、黄雀馒头、肉丁馒头、笋肉包子、虾鱼包子、江鱼包子、蟹肉包子等，花样繁多。相传三国时期，蜀国丞相诸葛亮率兵攻打南蛮，七擒七纵蛮族首领孟获，使孟获终于臣服。诸葛亮班师回朝，途经泸水，军队车马准备渡江时，突然狂风大作，波浪滔天，大军无法渡江。诸葛亮召来孟获问明原因，原来是因为两军交战，阵亡将士无法返回故里与家人团聚，故在此江上兴风作浪。大军若要渡江，必须用49颗蛮军的人头祭江，方可风平浪静。诸葛亮心想："两军交战死伤难免，岂能再杀49条人命？"他想到这儿，遂生一计，即命厨子以米面为皮，内包牛羊之肉，捏塑出49颗人头。

香喷喷的白面馒头

然后，陈设香案，洒酒祭江。于是民间便有了"蛮头"及其谐音"馒头"一说。

"汤饼"是指通过煮制方法熟食的面食成品，后世称作面条、揪片、猫耳朵等。据文献记载，面条在东汉时期（公元25—220年）被称为"煮饼"，到了魏晋时期（公元220—420年）则有"汤饼"之名，南北朝时期（公元420—589年）谓之"水引"或"馎饦"（bó tuō），唐宋时期（从公元7世纪初到13世纪末）又有"冷淘"和"不托"之名，"面条"的称呼是在宋代之后才出现的。

"烧饼"是指用烤烙方法熟食的大众化的面食成品。烧饼的品种花样繁多，有百余种之多。如，有烤饼、缙云烧饼、温县老面烧饼、黄山烧饼、湖沟烧饼、芝麻烧饼、油酥烧饼、起酥烧饼、掉渣烧饼、糖麻酱烧饼、炉干烧饼、缸炉烧饼、千层饼烧饼、油酥肉火烧、什锦烧饼、炉粽子、杜称奇火烧、牛舌饼、河间驴肉烧饼、锅盔烧饼等。

在各种面食中，面条特别为北方地区的人们喜爱。"汤饼"在

香脆可口的芝麻烧饼

南北朝时期得到充分发展。"人们特别喜欢在寒冷之时食用汤饼，束晳《饼赋》说'玄冬猛寒，清晨之会，涕冻鼻中，霜凝口外，充虚解战，汤饼为最。'南北朝时期的汤饼分为'煮饼'（类似今之片儿汤）、'水溲饼'（拉面）、'水引馎饨［bó tún］'（用肉汁和面制成的汤面条）三种。……不仅北方的山西、陕西一带酷爱面条之食（据统计有一百多种），就连四川、江苏、浙江等省也把面条作为常食。"①

　　总之，最晚到公元五六世纪的南北朝时期，以小麦为原料的面食得到了充分发展，成为北方地区人们最重要的日常生活主食，小麦在北方地区五谷杂粮中的地位上升，成为人们生活中最重要的主粮。而南方地区的稻米虽历经数千年，其主粮地位却一直未曾动摇，粥和饭始终为其日常生活主食。这样，北方的小麦和花样繁多的"面食"，南方的稻米和粥饭之类的"粒食"，"南方吃米、北方吃面"，相互区别、交相辉映，形成了所谓"南稻北麦"的中国南北主食文化结构。

知识卡片1-8

世界历史上保存至今的最早面条
——中国青海新石器时代的黄米面条

　　2002年，中国新石器时代晚期大型聚落遗址——青海民和喇家遗址出土了一碗距今4 000多年的古老面条。考古人员在遗址的一个倒扣陶碗里发现一堆遗物，其下是泥土，而朝上的碗底部位却保存有很清晰的面条状结构，这些条状物粗细均

① 王学泰：《华夏饮食文化》，商务印书馆2013年版，第137页。

匀，卷曲缠绕在一起，直径大约为0.3厘米，保存的总长估计超过50厘米，显现着纯正的米黄色，且具有一定的韧性。经检测证实，这是一碗以小米粉（粟粉）为主料、以黄米粉（黍粉）为辅料做成的面条，显然，因为小米粉缺乏黏性，掺入了有较强黏性的少量黄米粉增强韧性，做成面条。在面条中还检测到少量的油脂、类似藜科植物颗粒果实所含的植硅体以及少量动物的骨头碎片，应当都是这碗面条的配料，说明这是一碗荤面。而这碗4 000多年前的面条保留下来的历史原因，是由于当时一家14口人正在吃饭时突发大地震、遭遇灾难所致，令人扼腕。突然间灾难降临，一家人面对无法抗拒的自然灾害，他们的遗骸姿态各异，有的屈肢侧卧，有的匍匐于地，有的上肢牵连，有的跪踞在地。其中，母亲怀抱幼儿，跪在地上，表现出无法形容的无助和乞求上苍保佑而不得的绝望，令人动容。

距今4 000多年的黄米面条

第二章

中国饮食文化的基本特质

　　1918年，中国民主革命先驱孙中山先生呕心沥血，为未来中国振兴绘制蓝图而写下《建国方略》，在其中第一章"以饮食为证"里，他自豪地赞美了中国的饮食文明。孙先生说："我中国近代文明进化，事事皆落人之后，惟饮食一道之进步，至今尚为文明各国所不及，中国所发明之食物，固大盛于欧美；而中国烹调法之精良，又非欧美所可并驾。"孙中山先生为民族救亡图存，曾多次前往英、法、美等欧美国家进行社会制度考察、革命宣传等活动，对欧美国家的历史文化、风土人情有着充分的了解和认识。他在《建国方略》一书中指出，中国饮食文化的先进和优秀不是没有客观依据的，绝非妄言。孙先生还精辟地指出："烹调之术本于文明而生，非孕乎文明之种族，则辨味不精；辨味不精，则烹调之术不妙。中国烹调之妙，亦只表明进化之深也。"

　　毛泽东同志曾对身边的工作人员说："我看中国有两样东西对世界是有贡献的，一个是中医中药，一个是中国饭菜。饮食也是文化。"[1]

　　"世界大同的理想生活，就是住在英国的乡村，屋子里装着美国的水电煤气管子，请个中国厨子……"这是20世纪30年代曾在欧美国家生活、工作、游历多年的中国现代文学家林语堂先生的名句。

---

[1] 摘自2006年11月30日《光明日报》载文《中国饮食文化精神》，作者王学泰。

那么，中华民族作为一个有着五千多年历史的宏大的东方文明体，在其源远流长的历史演变发展中，在饮食文化领域，结出丰硕的文化成果，形成博大精深而独特璀璨的中国饮食文化，其基本文化内涵和民族特征，都表现在哪些方面呢？

长期以来，在中国饮食文化方面有着众多的出版物，但是，就笔者所了解，大多数书籍对中国饮食文化的基本特征的阐述介绍，都流于表面化、片面化、随意化，缺乏科学的归纳概括，未能深入中国饮食文化发展的内在历史逻辑，从中揭示其文化特质和内涵。

笔者尝试从以下五个基本方面，对中国饮食文化的基本内涵和独特民族特征进行梳理、阐述、分析，力求做出准确而科学的全面概括，以便于对中国饮食文化有兴趣的国内外读者，能够从根本上，在理性化层面，系统而整体地了解中国饮食文化。

一、中国饮食文化历史悠久，博大精深，菜系众多

中国作为一个源远流长的大一统国家，是一个幅员辽阔的亚洲大国，从南到北疆域长达5 500多千米，从东到西疆域宽达5 000多千米，陆地领土面积约960多万平方千米，面积接近于整个欧洲大陆。各个地区的区域自然条件差异较大，地理环境、气候条件、物产资源、民风习俗复杂多样，这就决定了中国饮食文化在其几千年的历史发展过程中，必然形成丰富多彩、各具特色、风味独特的地方性饮食烹饪文化。

事实正是如此。中华大地东西南北各地区各地方的饮食习性，从食材原料选择之要求到水火运用之烹饪技法，从调料运用之调味

手法到地方口味之偏好，以及菜肴品种类别，等等，诸环节诸因素差别颇大。西晋博物学家张华（公元232—300年）在其所著博物学著作《博物志》中说："东南之人食水产，西北之人食陆畜。食水产者，龟蛤螺蚌，以为珍味，不觉其腥臊；食陆畜者，狸兔鼠雀，以为珍味，不觉其膻也。"

但就饮食口味偏好习性而言，有些深受本地人喜爱的美味菜肴，可能令其他地区的人望而生畏，如广东人吃生猛海鲜、吃生鱼，就很难会被其他地区的人们所接受。各地区饮食口味酸甜咸辣偏好、浓厚薄淡相差很大。在此要特别指出，人们常常说"南甜北咸，东辣西酸"，这句俗语主要是指江苏（南甜）、河北（北咸）、山东（东辣）、山西（西酸）这四个地方的饮食偏好习性而言，不能概括整个中国疆域范围内东南西北之间的饮食口味差异。中国其他各个地区的饮食口味偏好规律，并非"南甜北咸、东辣西酸"可以简单概括，例如，北方的山东鲁菜的辣只是葱辣而已，地处南方的湖南湘菜和江西赣菜才是真正的辣椒的干辣鲜辣，地处西部的四川川菜则是麻辣香辣，而北方其他很多地方同样也有爱吃辣的饮食习性。对中国各地饮食口味偏好比较客观的描述，如清代钱泳在《履园丛话》[①]中所说："同一菜也，各有不同。如北方人嗜浓厚，南方人嗜清淡……清奇浓淡，各有妙处。"北方人爱吃咸，而爱吃甜的人则主要集中在南方，大体上在东南沿海地区如广东、福建以及江苏南部、浙江北部地区；而要论吃甜的偏好程度，苏南人应该独占鳌头，可能会让很能吃甜的广东人都自叹不如。

---

① 《履园丛话》是清代作家钱泳所做的史料笔记，作者以亲身经历为依照记述了清代社会生活的各个方面，于1838年刊刻成书。

中国饮食文化这种博大丰富、多彩多姿的区域性特点和地区结构表现为有众多的菜系——俗称"帮菜",是指在选料、切配、烹饪等技艺方面,经过各自长期演变而自成体系,具有鲜明而浓郁的地方风味特色,并且这种饮食的地方风味特色为历史公认的地方菜肴流派。中国地方菜流派或菜系之众、品类之多、文化内涵之丰富,堪称世界一流。

(一)主要菜系的历史渊源和发展演变

早在春秋战国时期(公元前770—前221年),在饮食偏好习俗上,南北菜肴烹制便各具特色,初步呈现出不同的饮食文化风格,形成了最早的中国饮食文化经典的"四大菜系"——鲁菜、苏菜、川菜、粤菜的雏形。

在北方黄河下游地区,齐鲁两国饮食文化历史悠久,烹饪技术比较发达,形成了中国最早的地方风味菜——鲁菜的雏形。

在南方长江中下游地区,楚国强盛之时,曾经统一了广袤富饶的南方半壁江山,被称为"鱼米之乡","春有刀鲚[jì],夏有鲥[shí],秋有蟹鸭,冬有蔬",一年四季,水产禽菜联翩上市,美味不断,在此优越物产条件下,形成了苏菜的雏形。

在西南部长江上游地区,秦国占领了巴国和蜀国,派遣李冰修建都江堰水利工程,将曾经的"水患之乡"成都平原改造成了"天府之国",加之大批汉中移民的到来,人们结合当地气候、风俗、古巴国和古蜀国的饮食习俗,逐渐形成了川菜的前身。

在岭南地区,秦末汉初,原为秦朝将领的赵佗(约公元前240—前137年)在岭南地区建立南越国。南越国全盛时,其疆域包括今广东地区、广西的大部分地区和福建的小部分地区还有海南岛以及越南北部中部的大部分地区。岭南珠江三角洲气候温和，物产丰富，动植物品种繁多，水陆交通四通八达。赵佗将中原地区先进的烹饪艺术和器具引入南越，结合当地的饮食资源，形成了兼收并蓄的粤菜的雏形①。

到唐宋时（公元7—13世纪），中华大地南食、北食，地方特色风味的饮食文化流派日益独立发展、各具特色，可谓八仙过海、各显神通，成为相对独立的不同饮食烹饪文化体系。

清代初期（公元1644—1735年，指顺治、康熙、雍正三朝），四大菜系——鲁菜、苏菜、川菜、粤菜自成一派，其著名菜系的饮食文化地位完全确立，成为公认的历史渊源较深、最有影响的四大地方菜系。

到了清朝末期（19世纪中期后），一方面，原有四大菜系的特色日趋鲜明。民国时期徐珂所作《清稗类钞》记述了清末饮食的状况，称："各处食性之不同，由于习尚也。则北人嗜葱蒜，滇黔湘蜀嗜辛辣品，粤人嗜淡食，苏人嗜糖。"另一方面，进一步发展形成了浙菜、闽菜、徽菜、湘菜等新四大地方菜系——四大菜系从繁多的地方菜系中脱颖而出，确立了自己独特的烹饪文化地位，与原有的四大菜系共同构成中国饮食文化体系中的"八大菜系"，成为中国八大民族饮食文化品牌。到后来，再增加京菜、沪菜，便又有了"十大菜系"之说。只是，通常人们习惯用"八大菜系"来代表丰富

① 岭南是位于中国最南部的南方五岭——越城岭、都庞岭、萌渚岭、骑田岭、大庾岭——以南地区的概称。五岭大体分布在广西东部至广东东部和湖南、江西四省边界处，岭南地区以五岭为界与内陆相隔。

多彩的中国地方风味菜肴。

其实，中国的饮食文化除了八大菜系，更有数不清的小菜系、地方菜、私家菜，如京菜、上海菜、秦菜、晋菜、豫菜、鄂菜、东北菜等等。它们和八大菜系一起，共同组成了庞大的中华饮食烹饪文化体系。正是这些历经数千年历史发展形成的林林总总、大大小小的地方菜系、饮食流派，共同构成了多姿多彩、博大精深的中国饮食文化。

（二）鲁菜、川菜、苏菜、粤菜四大菜系各具特色

鲁菜，即山东菜系，发源于春秋战国时期的齐国和鲁国，源远流长，早已成为北方地区影响最大的代表菜系，盛行于黄河流域、华北、东北、京津等广大地域，因而位居八大菜系之首。鲁菜讲究食材原料质地优良，制作精细。鲁菜风味以清香、鲜嫩、味纯而闻名，常用烹调技法有30种以上，尤以爆、炒、烧等最具特色。大葱为山东特产，多数菜肴要要用葱姜蒜来增香提味，爆、炒、烧、熘、扒等都要用葱，尤其是葱烧类的菜肴，更是以拥有浓郁的葱香为佳，如葱烧海参、葱烧蹄筋。鲁菜讲究丰盛、实惠，总是大盘大碗，彰显了山东人的憨厚实诚。经过长期发展演变，鲁菜系逐渐形成三个流派：济南、淄博、德州、泰安一带的济南菜；青岛、烟台、威海等山东半岛一带的以福山帮为代表的胶东菜；享有特殊政治文化历史地位的曲阜孔府，作为明清两朝世袭的"当朝一品官"公侯府邸，无形中承担着上迎圣驾、下接达官显赫等祭孔官贵的任务，长期频繁的炊烹欢宴形成了鲁菜菜系中以材质高档、烹制精细、等级严谨、典雅华贵为特点的孔府菜。如，济南菜中的糖醋鲤鱼，是齐鲁菜系中的传统名菜，济

南北临黄河，黄河鲤鱼肥嫩鲜美、金鳞赤尾、形态可爱，是宴会上的佳肴。传说历史上最早饲养鲤鱼的，正是春秋时期辅佐越王勾践复仇吴王、称霸春秋的范蠡。范蠡谢绝越王重用之意后，携西施来到齐国，得到齐威王重礼聘用，从事养鱼事业。如此说来，今天的人们能吃到鲜美的黄河鲤鱼，范蠡功不可没。鲁菜代表菜品有：葱烧海参、九转大肠、爆炒腰花、红烧大虾、糖醋鲤鱼、一品豆腐、德州扒鸡、四喜丸子、汤爆双脆、糟熘鱼片、糖醋里脊、三丝鱼翅、孔府烤鸭、拔丝香蕉、奶汤蒲菜、木须肉、干烧鱼，等等。

鲁菜　葱烧海参

鲁菜　糖醋鲤鱼

　　川菜，以成都和重庆两个地方菜为代表，是四川各地菜肴的总称，起源于古代春秋时期的巴国和蜀国，到唐宋时期已发展成为风格独特的一大菜系。川菜具有浓郁的地方特色，其鲜明特色就是麻、辣、香、鲜、油大、味重、刺激，重用"三椒"（辣椒、花椒、胡椒）和鲜姜。早在东晋时期史学家常璩（qú）撰写的《华阳国志》中，将蜀中饮食习俗归纳为"尚滋味，好辛香"，其中的辛香味主要来自姜、花椒、胡椒、山茱萸等，给川菜的自成体系奠定了相应基础。辣椒是16世纪末（明朝后期）从美洲传入中国的，到17世纪中后期（清朝康熙年间），官府鼓励各地人口大规模迁入四川，其中来自贵州的大批移民带着辣椒到四川落地生根，辣椒便逐渐为四川人所接受。辣椒的加入为川菜注入了新的灵魂，使得原本只有花椒带来的"麻"的川菜开始往"麻辣兼具"的方向发展。经过二三百年发展，辣椒在川菜菜系中的灵魂地位渐渐确立下来，融入一道又一道鲜美可口的川菜里。清末民初长期供职于四川地方政府的徐心余著《蜀游闻见录》中说："惟川人食椒，须择其极辣者，且每饭每菜，非辣不可"，川人已然"嗜辣成性"。而今，川菜早已享誉中外，是中华饮食文化中的一颗璀璨明珠。川菜的烹调方法有40多种，尤其擅长炒、滑、溜、爆、煸、炸、煮、煨等，小煎、小炒、干煸、干烧有其独特之处。川菜有24种味型，分为三大类：麻辣类味型、辛香类味型和酸甜类味型。其代表菜品有：鱼香肉

川菜　水煮肉片

丝、宫保鸡丁、水煮肉片、夫妻肺片、麻婆豆腐、回锅肉、泡椒凤爪、灯影牛肉、口水鸡、香辣虾、麻辣鸡块、重庆火锅、鸡豆花、板栗烧鸡、辣子鸡、酸菜鱼，等等。

川菜　东坡肘子

　　苏菜，即江苏菜系，包括淮扬菜、南京菜、苏州菜、徐海菜。地处长江中下游、号称"鱼米之乡"的江苏，著名的水产有长江三鲜（鲥鱼、刀鱼、鮰鱼）、太湖银鱼、阳澄湖大闸蟹、南京龙池鲫鱼等，还有太湖莼菜、淮安蒲菜、宝应莲藕、板栗、茭白、冬笋、荸荠等时令鲜蔬。独特而丰富多彩、林林总总的食材，为江苏菜系提供了优越的物产资源。清代著名文学家、美食家袁枚所作中国烹饪技术集大成之《随园食单》，正是其在南京数十年开展美食实践的产物。苏菜的特点是浓中带淡、浓而不腻、原汁原汤、口味平和、咸中带甜、鲜香酥烂，烹调技艺以炖、焖、烧、煨、炒而著称。淮扬菜清淡适口、主料突出，南京菜口味醇和、玲珑细巧，苏州菜口味偏甜、配色和谐，徐海菜色调浓重、口味偏咸。苏菜代表菜有：清炖蟹粉狮子头、无锡酱排骨、松鼠鳜鱼、软兜鳝鱼、天目湖砂锅鱼头、太湖银鱼、南京盐水鸭、常熟叫花鸡、霸王别姬、东坡回赠肉、羊方藏鱼、水晶肴蹄、大煮干丝、盱眙十三香龙虾、南京凤尾虾，等等。

苏菜　清炖蟹粉狮子头

苏菜　虾仁锅巴

　　粤菜，即广东菜，主要包括广州菜（也叫广府菜）、潮州菜（也称潮汕菜）、东江菜（也称客家菜），而尤以广州风味为代表。粤菜最突出的特色是食材采料广博奇杂，正所谓"广州人除了地上四条腿的桌子、水里游的蚂蟥、天上飞的飞机不吃之外，其他什么东西都敢吃"。蛇虫鼠蚁、飞禽走兽、山珍海味、中外食品，真是天下之物、无所不有。其烹调方法有21种之多，尤以烧、煲、软炸、软炒、清蒸、煎、焗、焖、炖、扣等见长，十分讲究火候。粤菜

粤菜　蒜香骨

注重质和味，口味清淡、鲜和，讲究鲜、嫩、爽、滑，力求清中鲜、淡中求美，并随季节时令的变化而变化，夏秋偏重清淡，冬春偏重浓郁，追求色、香、味、型。

粤菜代表菜品有：白切鸡、烧鹅、脆皮烤乳猪、太爷鸡、红烧乳鸽、蜜汁叉烧、脆皮烧肉、上汤焗龙虾、清汤牛腩、阿一鲍鱼、清蒸东星斑、鲍汁扣辽参、椒盐濑尿虾、蒜香骨、白灼虾、椰汁冰糖燕窝、木瓜炖雪蛤、菠萝咕噜肉、老火汤，等等。

粤菜　椒盐濑尿虾

二、中国饮食文化源远流长，烹饪技术精湛、体系完备

中华民族饮食烹饪实践历经数千年的发展，凝聚了一代代人的经验和智慧，在其不断积淀创新的发育成长过程中，各个环节日臻成熟和完善，形成了一个技艺精湛、灿烂纷呈的中国饮食烹调体系。一个完整的中国烹饪过程包括三个基本环节：选料切配，烹饪制熟，五味调和。

（一）选料和切配

食材是烹饪制作食物所需要使用的饮食原材料。

烹饪工作首先要对烹饪原料即食材进行选料和初步加工处理。食材种类可分为六类：谷类（米、面、麦、杂粮等属于主食食材），肉类（猪、牛、羊等畜肉和鸡、鸭、鹅等禽肉），水产类（鱼、虾、蟹、贝等类），蔬果类（可食用的植物根茎叶花果和菌类），食用油脂类，调味料类。不同菜系的菜肴烹饪所选用的食材种类及其品性各有不同的要求。对于食材的加工处理形式，既要根据食材本身的自然特性，也要考虑所制作菜肴的特点。

食材的切配在烹饪中非常重要，并非只要把清洗干净的果蔬、肉禽、水产等食材由大切割成小那么简单。食材如何切割以及切割的大小、形状，需要充分考虑食材原料的自然品质特性、烹饪加工的方法等因素。在烹饪过程中，使用水煮、汽蒸、爆炒等不同的烹制方式，食材原料从生到熟的时间长短不同。此外，还要考虑食材本味的保存、烹调变味等因素。

由于烹饪原料和烹调方法多种多样，需要将食材加工切割成不同大小和形状，为此产生了各种刀法，形成了中国烹饪技艺中的刀法体系。一般认为，直刀法、平刀法、斜刀法、刴（jī）刀法为中国烹饪的四种基本刀法，而排、拍、旋、削、挖等刀法则属于辅助刀法。

每种基本刀法又分不同的具体刀法。如，直刀法可以分为定料切和滚料切。一般切土豆丝、青笋丝、黄瓜丝、芹菜段等原料都会用到直刀法。具体就是，用左手压着稳定住原料，右手拿刀，刀和原料要垂直，直接由上而下，把原料切开。刀的着力点在刀前端，行业内有一句话叫"前切后剁中间片"。还有一种特殊的直刀法称为推刀切，这种刀法适用于比较软的原料，比如切肉片，具体就是，左手按压好原料，刀和原料要垂直，刀切入原料后，先向前去虚推，然后快速向里手拉刀把原料切断。虚推是因为肉类原料比较软，用直刀切原料会被挤压变形，虚推同时拉刀切，刚好能解决这个问题。

知识卡片2-1

花式剞刀

剞刀法又称花式刀法、混合刀法等，是指运用直刀法和斜刀法在原料的表面直切或偏切，划出一定深度而又不划切断开的切刀法。刀纹的深度要根据原料的性质、成形要求和具体用途而定，通常刀纹的深度占原料的总厚度的2/3至3/4左右。这种刀法的目的是：既便于食材入味，又能够在用旺火快速烹制菜肴时使菜肴快速成熟并保持滑嫩或脆嫩；原料在受热成熟后，形象美观、形态逼真。用这种刀法既能烹饪出美味佳肴，又能给人以美的精神享受，为饭桌增添光彩。剞刀法技术性强，艺术性高，操作更精细，难度更大。

剞刀法之松鼠花鱼

剞刀法之蜈蚣花刀

剞刀法之灯笼花刀

剞刀法之菊花刀

（二）烹饪技艺

烹饪，即把食材烹制为熟食。

烹饪的基本技术方法，就是火烤、水煮、汽蒸、油烹（油煎、油炸、油炒），但实际操作时要想做到恰如其分、娴熟老练，烹饪出可口的美味佳肴，需要长期积累烹饪经验、练就老到的烹饪技能，其中包含太多的奥妙技巧，其微妙精深达到一种艺术境界，故称烹饪技艺。

1.火烤法

使用熊熊燃烧、高温炙热的火源，对食物进行烧、烤、炙、炮，是人类最原始古老的烹制技术，是人类饮食文化的起点。在人类发明陶器炊具、以水为热传介质的水煮法出现以前，人类熟食的方法基本上就是依赖火能。

使食物直接与火接触，谓之烧；

使食物靠近火源、用火辐射能量致熟，谓之烤；

炙是将略小些的食料置于温度很高的石块或金属器件上致熟；

炮（读作páo）则是将不便使用火烧、烤、炙的食料，用泥裹包起来，投入火中或炭烬中烤熟。

当今世界上许多国家的饮食文化中，面食烘焙和肉食烧烤仍然占据饮食烹饪主要地位。中国传统的烧烤食物中，直接使用炉火烤制的面食成品，称作"烧饼""火烧"。如本书第一章所述，烧饼是大众化的烤烙面食，品种繁多，形形色色，如缙云烧饼、黄山烧饼、湖沟烧饼、芝麻烧饼、油酥烧饼、起酥烧饼、掉渣烧饼、糖麻酱烧饼、炉干烧饼、罗丝转烧饼、油酥肉火烧、什锦烧饼、驴肉火烧、牛舌饼等，有百多个花样。

掉渣烧饼

　　至于肉食烧烤，它在当下中国的饮食烹饪实践中仍占有一定地位。例如，盛名远播海内外的北京烤鸭起源于中国南北朝时期，其用料为优质肉食鸭北京鸭，以果木炭火烤制，色泽红润，肉质肥而不腻，外脆里嫩，不愧为"天下美味"。另外，新疆烤羊肉串，是闻名全国、广受喜爱的烧烤食品，其羊肉串色泽酱黄油亮，肉质鲜嫩软脆，味道麻辣醇香，独具风味。据古籍记载，烤羊肉串在中国已有1 800多年的历史。

北京全聚德烤鸭

新疆烤羊肉串

2.水煮汽蒸法

自七八千年前我们的祖先发明陶鬲、陶釜、陶甑、陶甗、陶鼎等陶制炊具以来，在漫漫历史长河里，水煮汽蒸始终是中国饮食烹饪最基本的烹饪方式，被广泛用于各种菜肴副食和主食的加工制作中。

（1）水煮法，是利用水为导热介质烹制熟食，把食料放于汤汁或清水中，先用大火烧开后，再用中火或小火慢慢煮熟的一种烹调方法，如煮面条、煮饺子、煮馄饨、熬米汤、煲粥等。

水煮法看似简单，其实不同食材食料的煮制方式是有一定的差别和各自的独特要求的，必须严格遵循，否则就会煮而不熟或易把食物煮烂。如煮饺子就讲究"敞锅煮皮盖锅煮馅"，因为敞开锅煮，水温只能接近100度，由于水的沸腾作用，饺子不停地转动，皮熟得均匀，不易破裂；皮熟后再盖锅，温度上升，馅易熟透。再如煮小米稀饭，开锅后十分容易溢出锅外，而如果往锅里滴几滴芝麻油，沸后再把火关小点儿，长时间煮也不会外溢。

韭菜猪肉饺子馅

美味可口的饺子

知识卡片2-2

饺子的故事

　　饺子又称水饺，原名"娇耳"，是我国的重要传统面食，距今已有1 800多年历史。饺子深受百姓喜爱，是中国北方地区百姓生活中的重要主食，也是年节必备食物。

　　饺子起源于东汉时期，为东汉末年著名医学家张仲景首创。相传当时张仲景卸职长沙太守，告老还乡，正赶上天寒地冻的冬季。路上，张仲景看到很多无家可归的贫穷百姓因为寒冷，耳朵都冻烂了，十分同情。回家后，张仲景便研制了一个御寒的食疗方子，叫"祛寒娇耳汤"，把羊肉和一些祛寒药物（如胡椒）放在锅里煮，熟了以后捞出来切碎，用面皮包好后下锅，再用原汤将包好馅料的面皮煮熟。其制作成的样子像耳朵，功效也是防止耳朵冻烂，所以张仲景给它取名叫"娇耳"。张仲景烹制了大量的"娇耳"，免费供给当地老百姓食用，人们吃了"娇耳"，喝了汤，浑身暖和，两耳生热，耳朵就不会再冻伤了。

南北朝时期饺子称"馄饨"，唐代时饺子称"偃月形馄饨"，宋代时称"角子"，元代和明代称"扁食"，清代才称作"饺子"。饺皮可用烫面、油酥面或米粉制作，馅心可荤可素、可甜可咸，常见荤馅有猪肉大葱馅、猪肉芹菜馅、猪肉白菜馅、猪肉香菇馅、羊肉萝卜馅、虾仁馅、蟹黄馅等，常见素馅有韭菜鸡蛋馅、什锦素馅等。

在中国人的生活中，饺子早已不仅仅是一种美食，还蕴涵着中华民族对阖家团圆、幸福美满的美好生活的精神诉求和向往。

（2）汽蒸法，是继水煮法之后出现的烹制熟食方法。

中国新石器时代的陶制炊具甑（zèng），就是历史上最早的汽蒸熟食器具，甑的改进型就是甗。三国时期的蜀汉史学家谯周（公元201—270年）所撰《古史考》说："黄帝始蒸谷为饭，烹谷为粥。"这只是古人传说而已。实际上，华夏先民用甑蒸制熟食，比黄帝时代早得多，而且，甑的出现和使用有着重要的文化意义——

使食物中的"饭"和"菜"开始区分开来，真正意义上的"饭"开始出现了。

在发明使用铁制炊具铁釜、铁锅来焖米为饭的南北朝时期以前，华夏先民吃了约3 000年之久的甑蒸饭。中国北方进入面食时代后，各种蒸饼，蒸馒头、蒸花卷、蒸包子、蒸饺等，逐渐成为人们日常生活的主食。

蒸烹法不仅仅用于制作主食，从汉代开始，也多用于蒸制各种菜肴，如蒸猪头、蒸鱼、蒸鸡、蒸鹅、蒸藕、蒸南瓜、蒸芋头，等等。

香甜的玉米面馒头

馒头是一种以面粉作为主要食材制作而成的传统面点小吃。把发酵好的面团作成馒头形状，放在锅具或蒸笼上蒸即可。

知识卡片2-3

天津狗不理包子的故事

狗不理包子是天津一道闻名中外的传统小吃，始创于公元1858年，已有170多年历史。狗不理包子的面、馅选料精细，制作工艺严格，外形美观，特别是包子褶花匀称，每个包子都不少于15个褶。刚出笼的狗不理包子鲜而不腻，清香适口。

狗不理包子的创始人高贵友生活于清朝末期，儿时乳名"狗子"，寓意是平平安安长大。高贵友14岁时，在天津一家蒸吃铺做小伙计，他勤学好问、心灵手巧，做包子的手艺长进很快。三年满师后，高贵友独自开了一家专营包子的小吃铺。高贵友制作的包子口感柔软、鲜香不腻、形似菊花，色香味形都独具特色，生意十分兴隆，来吃他包子的人越来越多，高贵友忙得顾不上跟顾客说话，这样一来，吃包子的人都戏称他"狗子卖包子，不理人"。久而久之，人们喊顺了嘴，都叫他"狗不理"，把他所经营的包子称作"狗不理包子"，而原店铺字号"德聚号"却渐渐被人们淡忘了。

狗不理包子

知识卡片2-4

清蒸鱼的小技巧

清蒸鱼是普遍适用于鲫鱼、鲤鱼、鲑鱼、鲈鱼、鲢鱼、青鱼、墨鱼、草鱼、罗非鱼等的一种家常鱼类烹饪制作方法，主要原材料有鱼、生姜、香葱等，口味咸鲜，鱼肉软嫩，鲜香味美，汤清味醇，具有养血和开胃的功效。

清蒸鱼简单易做、鲜香美味，其烹制过程中有三个技巧：

第一，水烧开后将鱼放入蒸笼，三分钟后取出，将盘中鱼汤倒掉，然后再放入蒸笼继续蒸。此举决定了鱼熟后不腥，特别重要。

第二，在蒸鱼之前，先将鱼握住头尾弯上一下，在鱼身弯曲处垫上一姜块，此举保证鱼蒸熟后呈腰部弓起之生动状，给"型"加分。

第三，龟甲活鱼清蒸时，只在倒掉蒸三分钟后的汤时加盐、葱丝和极细火腿丝七、八丝，其他调料一概不用，以突出鱼味。

清蒸鱼

3.油烹法

在中国饮食文化中，食用油脂是最重要的烹饪介质材料，它之所以得到广泛应用，是因为油脂具有很多适应菜肴烹调的特性。油烹法就是以食用油脂作为导热介质使食材原料成熟的各种烹饪技法的总称，根据用油量的多少和油温的高低，可分为油煎、油炸、油炒、油汆、油贴、油烙等具体烹饪方式，不同的油烹方式适用于不同的食材，其成品各具不同的特色。

（1）油煎，简称煎，在锅内倒入油脂较少，油浅而薄，不使其浸过切好的食材原料，加热至高温对食材烹制。如煎鸡蛋、煎鱼、煎饼。

（2）油炸，简称炸，在锅中倒入较多量的油脂，要使油脂液面高于食材高度、漫过食材原料，把油脂大火加热至炙热高温。然后放入食材原料，使其瞬间把食物里面的水分炸干——高温炙热的油脂和食物里的水分发生冲突、激烈"交战"，水分瞬间消失，食物在水和油的高温作用下快速由生到熟，并渗入油脂芳香和调料品味。油炸食品的主要特点是很香、很脆，深得人们喜爱。

油煎、油炸的共同目的是，先把食物里面的水分弄干，然后新的东西才可以进去。

（3）油炒，简称炒，炒烹法是中国饮食文化独创独有的传统油烹法中最重要的菜肴制作方法，本书第三章将另行专述。

知识卡片2-5

氽与汆、汆水和焯水、油汆和油炸

汆，读作cuān，是指将鲜嫩蔬菜或其他食材原料，投入沸腾开水锅中，通过高温沸水快速烫熟成菜，烫熟之后随即捞出，再行进行配料调味的一种烹调方法。汆水的时间比较短促，不可时间过长，否则鲜嫩食材就会发黄、变老变硬。如，"汆丸子""汆菠菜""汆黄瓜片"。

汆水和焯（chāo）水的区别：汆是一次成菜，而焯只是成菜前的准备工作而已。焯水只是初步对鲜嫩的食材原料在开水中烫至半熟，待捞出后，供进一步烹饪加工使用，如，芹菜腰果炒虾仁，就需要先把芹菜和腰果各自在开水中焯一下，烫到半熟，然后，再将芹菜和腰果与虾仁一起炒。东北地区把焯水叫做"紧"，河南一带称为"撺"，四川则称为"汆"，广东称为"灼"。

如前所述，汆读作tǔn，是指把油脂烧至五六层热，将切割的薄或小的嫩脆易熟的食材原料投入炸熟，如，汆油条、汆虾片、油汆馒头、油汆猪肉皮等。油汆不同于油炸，油炸是把油脂烧至高温，将稍厚或个头稍大的食材原料投入其中，较长时间炸制致熟。如炸鸡腿、炸牛排等。

汆菠菜（营养又美容的凉拌菠菜）

（三）调味手法

中国有句俗话："民以食为天，食以味为先。"这句话道出了中国饮食文化区别于其他饮食文化的最突出特点，就是中国人以制造美味和享受美味为饮食烹饪之要义，追求美食美味是中国饮食烹饪文化的灵魂。

自古至今，世世代代，中国人无不把食物的味道如何即"好吃不好吃"，作为烹饪制作和评判选择食物的首要标准。数千年来，从庙堂之上的天子皇帝、王侯将相，到文人墨客、市井百姓，莫不以追逐美食美味为饮食圭臬和人生乐趣。可以说，中国人对美味的追求几乎达到了极致，甚或忘记了饮食吃饭原本的果腹生存本义。中国历史上记载了许许多多善于调味的名厨和善于品味的美食家，他们成为后世饮食行业中的典范。不过需要说明的是，中华饮食的价值理念并非只是片面地追逐食物的美味而不顾及科学理性饮食的重要性，正相反，中华饮食文化具有十分科学理性的饮食文化理念。

知识卡片2-6

"边哭边吃"的伤心凉粉

伤心凉粉是四川省资阳市安岳县周礼镇的一道风味名小吃，它起源于清朝，二十世纪初期周礼镇厨师文江源在保持黄凉粉传统风味的基础上，研制出其独门调料配方，进一步突出了川菜的"麻、辣、香、脆"特色，使其更加香辣可口，成为远近闻名的风味小吃。

伤心凉粉主料为豌豆，营养丰富，味道纯正，质地柔软而嫩脆。一碗凉粉就有13种以上的调料。一碗小小的凉粉只有几元钱，却让人赞不绝口，流连忘返！

之所以称其为"伤心凉粉"，原因有三：一是调料配方偏重"麻、辣、辛、香"，往往令食者涕泪交加却仍食而不止，边哭边吃；二是做工精细、颇费精神，可谓备尝艰辛；三是由于手工加工，产量不大，外地专程前来购买者往往空手而归，未免伤感不已。

伤心凉粉

中华饮食的独特魅力正是在于它的美味，而美味的产生在于对食物烹饪过程中的调味。"烹调"一词，就是烹饪和调味的总称。

烹饪调味就是在食物烹制过程中，把菜肴的主、副料与多种调味品适当配合，使其相互作用、相互渗透、相互影响、相互融合，经过一系列复杂的理化变化，去其异味、提升美味，形成各种不同风味菜肴的过程。

（1）调味的时间。按照在烹制过程中调味的时间点划分，分为烹制前调味、烹制中调味、烹制后调味。

烹制前调味起基础调味作用，目的是使原料在烹饪熟食之前就有一个基本的味儿，同时消除某些原料的腥、膻、臊、怪等各种异味。具体方法是将原料用调味品如盐、酱油、醋、料酒、糖、葱、姜、蒜等调拌均匀，浸渍一定时间，或者再加上鸡蛋、淀粉浆给原料上浆，使原料初步入味。

烹制中调味起正式调味或定型调味作用，是所烹制菜肴的决定性调味阶段。原料下锅以后，在适当时间和适当火候加入适宜的调味料，即或咸或甜、或酸或辣、或香或鲜的调味品。

烹制后调味起辅助点缀调味作用，可增强食物菜肴的特定滋味。有些菜肴，在烹制前或烹制中进行了调味，但在色、香、味方面仍未达到应有的要求，就需要在烹制熟食后最后定味。例如，油炸蔬菜出锅后，往往撒以椒盐或辣油；蒸菜蒸鱼出锅后，需要浇汁调味；等等。这些对增加菜肴特定的风味而言是必不可少的。

（2）调味的原理和原则。调味作为食物菜肴制作的重要环节，复杂多变、精细微妙，难以详尽描述。中国最早专门论述烹饪的古籍文献《吕氏春秋·本味篇》写道："调和之事，必以甘、酸、苦、辛、咸。先后多少，其齐甚微，皆有自起。鼎中之变，四时之数。"意思是说，调和味道离不开甘、酸、苦、辛、咸各种调味料，而各种调味料的调和使用，先用什么、后用什么，各自用多用少，全要根据自己的口味偏好来将这些调料调配在一起，至于锅中烹制的菜肴食物味道的变化，非常之精妙细微，随时随机而变，难以说得清楚明白，若要准确地把握食物精微的变化，还要考虑阴阳的转化和四季的影响。

但是，我们还是可以从历经几千年发展的中国饮食文化中总结提炼出一些基本原理和基本原则，供人们遵循和发挥。如，从食物原料、配料和调味料三者之间相互作用关系来讲，存在诸如对比原理、转换原理、消杀原理等客观理化规律。这些调味原理原则，都是关于如何在食物材料的自然本味基础上，通过一定的调和方法，创造出遵循本味而又超越本味的美味，以及如何消除有些食物原料中的腥、膻、臊、恶、臭、怪等异味。再如，基于食物菜肴满足人们对味道的追求这一根本目的，人们提出了调味的基本原则，包括本味原则、时节原则、适口原则等。

三、中华饮食器具丰富多彩、美轮美奂，实用与审美兼备

欲善其事，先利其器。中国饮食烹饪炊具和进食餐具，经历了从陶器时代到青铜器漆器时代，再到瓷器时代的发展演变，多样别致，精巧绝妙，美轮美奂，理性功能与感性审美兼备。

（一）新石器时代的陶制炊具和进食器具

如本书第一章所述，饮食文化的起点可以追溯到旧石器时代中后期，而具有文化意义的烹饪炊具——陶器的出现，则是在新石器时代。中国历史上，陶器的发明被视为由旧石器时代进入新石器时代的标志之一，而第一件陶器就是作为饮食器具，用来烹制食物的，因此，可以说华夏烹饪文化的起点是新石器时代，而中国历史上比较成熟的陶制烹饪炊具和餐器的出现，则要到距今约七八千年的新石器时代中后期了。

中国新石器时代文化遗址发掘出土的陶制烹饪炊具丰富多彩、各式各样，主要有陶灶、陶鼎、陶鬲、陶甗、陶鬶（guī）、陶甑、陶釜、陶斝（jiǎ），陶制食具有陶盆、陶盘、陶钵、陶豆、陶罐、陶壶、陶瓶。其中，碗、盘、豆、盆、罐类盛食器皿自产生便一直沿用至今，成为中国人最基本的饮食器具。

陶鬲

龙山文化遗址出土的黑陶陶鬲

大汶口遗址出土的红陶豆

龙山文化遗址出土的甗

陶鼎和陶鬲，是中国最早的新石器时代饮食器具。

陶鼎是华夏族祖先在大约一万年前发明的最早的容器，形象地说，它就像是一个非常大的火锅，人们把各种能吃的食物一起放入鼎里，然后在鼎的底部生火，把食物煮熟。当时的陶鼎，器形大多为圆形，深腹，圜底或平底，有圆柱形或扁片形三足，有的有双耳。

陶鬲是新石器时代的华夏先民主要的煮食器具，战国时期消失。鬲的器形与鼎相近，区别在鼎有实足，鬲是袋形足。鬲使用时，在三个袋状足下直接燃火煮食。鼎应该是由鬲发展而来。一般来说，腿长裆深的陶鬲年代都早，可以直接支在地上，便于填柴引火。后来，随着灶台的广泛使用，陶鬲的腿的功能逐渐淡化，遂成为锅釜。

在距今6 500年至4 500年前的山东泰安大汶口文化时期，快轮制陶技术得到普遍采用，陶器制作能力大大提高，陶器的数量更多，质量更精，而且烧出了薄如蛋壳的器物，表面光亮如漆，是中国制陶史上的鼎盛时期。

陶甗是中国新石器时代晚期的一种鬲和甑结合在一起的蒸煮一体化的复合炊具，相当于现代的蒸锅。其下部是鬲，烧水煮汤，上部是无底甑，放入谷物粒食来蒸制干饭。陶甗是龙山文化时期的一种典型器形。商周时期，有青铜甗，秦汉之际有铁甗，东汉之后，甗就基本消亡了。

接下来说说彩陶盆。距今7 000年至5 000年前的仰韶文化，是处于中国北方黄河中游广阔地区重要的新石器时代彩陶文化，持续时长达2 000年左右。因1921年首次在河南省三门峡市渑池县仰韶村发现，故称之为仰韶文化。河南省陕州区庙底沟出土的彩陶涡纹曲腹盆，属于仰韶文化时期的盛水容器，偃口、宽肩，腹部急剧收缩，成小平底，十分轻巧灵秀别致。装饰的图案画在肩部，用钩叶、圆点和弧线三角组成美丽多变的纹样，用黑、白两种颜色加陶盆本色，不仅在亮度上有色阶的变化，而且黑、白、红三色相间，又有古雅明丽、朴厚不俗的艺术效果。

庙底沟遗址出土的彩陶涡纹曲腹盆

人面鱼纹彩陶盆

新石器时代的人面鱼纹彩陶盆出土于陕西省西安市半坡文化遗址。人面鱼纹彩陶盆由细泥红陶制成，敞口卷唇，口沿处绘间断黑彩带，内壁以黑彩绘出两组对称人面鱼纹，是仰韶文化彩陶工艺的代表作之一。

（二）夏商周时期的青铜烹饪炊具和进食餐具

前已述及，夏商周三代作为中国古代奴隶制社会，经历了1 600多年的发展历程，是中国历史上青铜文化的鼎盛时期，同时，也正是在这个时期，随着农业生产扩大和手工业技术进步，中国饮

1939年出土的商代后母戊鼎

殷墟妇好墓出土的三联甗

食文化的基调和格局初步形成。表现在饮食器具层面，就是在夏商周时期，不但由陶制炊器具时代发展到了青铜炊器具时代，而且饮食器具的种类和数量都较陶制器具更丰富、繁盛，尤其是商周时代的青铜器具，在造型、装饰上呈现出典雅、庄重、神秘的古朴气质。

青铜饮食器具是上层奴隶主贵族阶级所使用的物品。青铜炊具主要有铜鼎、铜甗、铜鬲三种。其中，鼎是重要的盛食器和祭祀礼器。青铜鼎有三足圆形和四足方形两种。汉代以后，鼎器演化为香炉，鼎完全退出饮食领域，成为国之礼器。

青铜盛食器具有簋（guǐ）、豆、盘、缶、罐等，也是上层奴隶主贵族阶级所使用的物品。

此时期平民阶层所使用的炊煮器具和进食器具，仍是陶制器具。

知识卡片2-7

中国古代最重的青铜器：后母戊鼎

商代的后母戊鼎，又称司母戊鼎、司母戊大方鼎，是商后期（约公元前14世纪至公元前11世纪）大型青铜礼器。后母戊鼎形制巨大，雄伟庄严，是已知中国古代最重的青铜器。鼎高133厘米，口长110厘米，口宽79厘米，重832.84千克。后母戊鼎器身与四足为整体铸造，鼎耳则是在鼎身铸成之后再装范浇铸而成，工艺精巧。鼎身四周铸有精巧的盘龙纹和饕餮纹，增加了文物本身的威武凝重之感。足上铸的蝉纹，图案表现蝉体，线条清晰。

据专家考证，认为后母戊鼎是商王祖庚或祖甲为祭祀母亲戊而制作，祭器腹内壁铸有"后母戊"三字，后母戊鼎的铸造，足以代表高度发达的商代青铜文化。

甗本身是由甑、鬲组成的复合炊具，而1976年在河南殷墟妇好①墓出土的一体化三联甗，其别出心裁、卓尔不凡的构思与造型，令人称奇。三联甗属于商代晚期青铜蒸食炊器，分上下两部分，上

---

① "妇好"的好，古音为zǐ，同子姓。

部为三个独立的甑，分别套接于三个鬲口内，下部为连体鬲，是把三个甗的鬲合为一体，铸成一个长方形中空的铜制长案，长案有六条实足，案面上保留着三个鬲的口，由此形成一个铜制鬲案组合三个铜甑的三联甗格局。使用时，鬲腔内的热蒸汽分别进入三个甑内，三个甑中可分别放置不同的食品，既提高了热能的利用效率，也增加了食物的品类和总量。三联甗的设计构思和制作，十分巧妙。可以说，妇好墓三联甗，既反映了商代中期中华民族的青铜铸造技术和装饰艺术所达到的境界，同时，也体现了公元前13世纪中国烹饪技术、文化的发展水平。

　　1978年，湖北随州擂鼓墩战国早期1号墓同时出土两件造型、纹饰、大小均同的西周曾侯乙铜鉴缶。曾侯乙铜鉴缶设计巧妙，结构复杂，造型奇特，工艺精湛，令人惊叹，是一件具有特殊用途的大型酒具。它高61.5

世界最早"冰箱"：西周曾侯乙铜鉴缶

厘米，边长62厘米，重170公斤。铜鉴缶是一种双层容器，两边放上冰块，内部有空间可以存放食物，还有个小壶可以盛放酒水，布局十分合理。曾侯乙铜鉴缶堪称世界上最早具有实用价值的"冰箱"，它的存在，既充分证明了中国古代西周时期高超精湛的制造技术和装饰工艺，也充分反映了西周时期中国饮食文化的发展水平。

（三）从秦汉到唐宋明清时期的瓷餐具

从秦汉到明清时期这两千多年，伴随着中国冶铁业、瓷器制造业的发展繁荣，中国饮食器具日益丰富多彩，呈现出灿烂绚丽的饮食器具文化格调。其中，最突出最耀眼的就是，中国饮食餐具由以青铜器和陶器为主发展为瓷制餐器具逐步占统治地位。

唐代三彩飞鸟云纹盘

唐代绞胎纹瓷盘

隋唐时期这三百多年是中国封建社会第二个强盛时期。随着各民族在饮食文化上的进一步交流融合，菜肴品种和菜式日益丰富，与此相应，包括瓷器、玉石、玛瑙、玻璃和三彩器在内的餐具也日

北宋划花八棱大盌（wǎn，同碗）

现代瓷餐具

益多元化、丰富化。各类餐具无论材质、造型式样还是制造技艺，都获得了长足的发展，其中，随着瓷器制造业的发展，瓷器餐具也普及兴盛起来。

宋朝瓷器造型优雅，釉色纯净，图案清秀，在中国陶瓷史上独树一帜。可以说，宋瓷造就了中国瓷器史上最为绚烂的篇章，无论质量还是品种，宋瓷都属于中国瓷器史中最顶尖的代表。

四、中国饮食文化最鲜明的特质是赋予日常饮食以精神生活意味

中国人把吃饭看作是享受人生乐趣的一个很重要的方面，把饮

食生活审美化、艺术化，醉心其中，追寻生活的美好滋味和快乐意义，使饮食生活饱含浓厚的精神生活意味。

饮食、吃喝原本是为了满足人的生命机体新陈代谢的生存需要，是日复一日的物质生活而已。而在中华饮食文化的悠久历史发展过程中，中国人的饮食生活早已超越了这一生存层面的物质生活意义。吃，在中国人的生活中并非只是为了填饱肚子，而是一件十分重要的人生事项；把吃看作是享受人生意义的一大乐事，世世代代追逐着其中难以用言语形容、难以言尽的美好和快乐。

人们在劳动、工作之余，在为生活拼搏、为事业奋斗而奔波劳累之后，在经历艰辛的人生斗争之后，回到温暖的家里，与相亲相爱的家人，抑或是亲朋好友欢聚一堂，共享丰盛的美味佳肴，从而使整个身心所遭受和累积的方方面面的辛劳、压力、伤痛得以缓解乃至彻底释放，于轻松中恢复生命元气，这岂不是一种人生的慰藉，是满足、幸福、美好、快乐。

正如著名作家林语堂所说："人世间，倘有任何事情值得吾人慎重行事，那不是宗教，也不是学问，而是'吃'。吾们曾公开宣称'吃'为人生少数乐事之一。这个态度问题颇关重要，因为吾们倘若非竭诚注重食事，吾人将永不能把吃和烹调演成艺术。""我们对于吃的重视，可从许多方面显现出来。任何人翻开《红楼梦》或其他中国小说，将深深感动于详细的列叙菜单，何者为黛玉之早餐，何者为贾宝玉的夜点……中国人的喜爱食物，一如他们喜爱美人与生命。"①

---

① 林语堂：《吾国吾民》，湖南文艺出版社，295—296 页。

　　总之，中华民族历来把饮食生活作为人生美好与快乐一个重要方面，醉心其中，追逐生命意义。这一饮食文化特质的重要体现，就是在中国历史上涌现出大量著名的"老饕"即美食家群体，这个群体覆盖了各个社会阶层，既有社会地位高高在上的皇室贵族，也有仕途失意、闲云野鹤的士大夫和文人墨客。(参见本书第三章第一部分之"中国历史上的老饕")。

　　饮食生活之所以能够给人们带来身心愉悦的美好人生感受，源于中华民族饮食文化所创造、所蕴含、所刻意追求的美食、美名、美器、美景共同创造的饮食文化体验和饮食文化精神。

中华美食

（一）美食

　　美食就是在饭馔菜肴烹饪、调和等制作过程中，讲求"色、形、香、味、触"多重的食物美味和精神审美意味，赋予和追求菜肴极致的身心享受之美好情趣。

　　菜肴要秀色可餐、鲜美可口，令人垂涎欲滴，方可称之为美食。

　　具体来说：

"色"和"形"是指在视觉器官眼睛感受上，菜肴的色彩和形态要美、好看，以及盛放菜肴的餐器要精致美观（即美器）；

"香"是指在嗅觉器官鼻子感受上，菜肴的气味要美、要好闻；

"味"是指在味觉器官舌头味蕾感受上，菜肴的滋味要美、要好吃；

"触"是指在触觉器官口感要美，菜肴口感要可口、适口。

具备这几方面特质的菜肴，就是绝对的美食了。

从中可以看出，中国饮食文化所讲究和追求的，是除了听觉之外的人的生命所有感觉系统的感受体验——视觉体验、嗅觉体验、味觉体验、触觉体验，这不能不说是一种极致完美的生命愉悦的要求。

色、形、香、味、触这五个层面，重中之重是菜肴的"至味"——就是好吃的滋味美到无以复加，充分享受源于自然而又超越自然的世间美味（这里的"超越"是指人力烹饪和调和之后超越食材的本味），以此美食的享受带来身心愉悦。所谓"美食"，乃"美味佳肴"也，可见美食的重点核心在于美味。中国饮食文化中，"味"是指食物菜肴给食者的嗅觉和味觉的感官感受：一是气味，二是滋味。

气味是在开吃之前，食物菜肴散发出来的物理气味，刺激食者嗅觉，使其所闻到的味道。气味讲求的是一个"香"字，食物菜肴的气味要好闻，闻起来要香，要香气扑鼻、芳香四溢、沁人心脾，而不要难闻、呛鼻。

滋味是在开吃之后，食者在口中咀嚼食物过程中，菜肴刺激食者味觉器官，使其通过舌头上无数的味蕾细胞感受到的味道。滋味

清蒸螃蟹

讲求的是一个"美"字，食物菜肴的滋味要美味可口，至于何为美味何为可口，似乎是只可意会、难以言传了。

（二）美名

美名就是指给饭馔菜肴所取的名字要富有多姿多彩的文化意蕴，以美好的名称烘托和营造饭馔菜肴的美好意境，无形之中增添饮食生活的精神文化趣味。

中国饭馔菜肴既讲求色、形、香、味、触之美，还十分讲究"美名"，要求菜肴起名要好听要有文化意蕴。一个好的菜肴名字不仅能体现菜肴本身的食物质料、烹饪手法等，还能反映出人们对美味佳肴的精神审美情趣。

常见的菜肴命名方式有以下几种：

一是质朴写实之雅趣。质朴写实，就是按照饭馔菜肴本身的用料、烹调手法、色、形、香、味、触等因素和环节的特点，以写实方法给饭馔菜肴起个名字。这种质朴写实的命名方式是大多数菜肴采取的命名方法，从名字就能了解菜肴的类别、特点，达到见其名而知其实的效果。如：

以食材质料命名的"荷叶包鸡""西芹牛肉""鲢鱼豆腐""紫菜羹""鲜笋肉片""羊肉泡馍"等；

以烹调方法+原料命名的"铁板炒鱿鱼""粉蒸肉""滑熘里脊""清蒸鲶鱼""烤乳猪""清蒸鱼""熏鱼""德州扒鸡"等；

以色香味形命名的"糖醋排骨""五香肉""红烧肉""琥珀肉""金花饼""太极蛋""一窝丝"等；

以口感命名的"入口酥""爽口泡萝"，以餐器命名的"罐罐面"，等等。

荷叶包鸡是将荷叶在外面包住整只鸡，将鸡去骨，添加配料，一起蒸煮而成，属于徽菜。该菜品不仅肉味鲜美，还有一股淡淡的荷叶清香。

糖醋排骨是糖醋味型中具有代表性的一道大众喜爱的特色传统名菜。选用新鲜猪排作主料，肉质鲜嫩，成菜色泽红亮油润。"糖醋"是中国各大菜系都拥有的一种口味。糖醋排骨起源浙江，是典型的一道浙菜。

荷叶包鸡

糖醋排骨

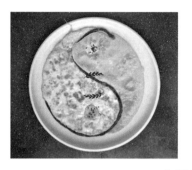

太极蛋

罐罐面

　　二是吉庆福愿之雅趣。吉庆福愿就是用比喻、借代、象征等含蓄语言修辞手法，给菜肴起一个喜庆吉祥的名字。如"松鹤延年""龙凤呈祥""一帆风顺""四喜汤圆""五福临门""五福鱼圆""六合同春""百年好合""将军过桥""万寿无疆"（木瓜素菜）"前程似锦"（水果拼盘）等，都寄寓着喜庆、团圆、祝愿的情趣，借以表达幸福吉祥、长寿平安美好愿望。

　　三是诗情画意之雅趣。诗情画意就是凸显菜肴的原料或烹调特色，营造一种如诗如画的意境。例如，把鸡翅喻为"凤翅"，与海参

凤翅——蜜汁鸡翅

配伍则名之为"凤翅海参";又如"龙眼包子"、"麒麟鲈鱼"、"鸳鸯鱼片"、"鸳鸯豆腐"、"鸳鸯火锅"、"乌云托月"(紫菜汤上放一荷包蛋)、"金鱼戏莲"(在用整虾和蒜泥制成的鱼形胚上镶嵌点缀上青椒、豌豆和虾尾),以及"荷塘月色""飞雪过江""西湖美景"等。这类名称往往能使人产生如临胜地、如见美景的功效,使人浮想联翩,顿觉美轮美奂、美不胜收,从而享受到菜肴命名语言的艺术美。

四是诙谐幽默之雅趣。诙谐幽默就是以形象生动而夸张地描述菜肴景象的方式给菜肴起名,以激发人们的想象,菜肴本身与名称所述引发的联想之间形成对比,使人感到新奇别致而忍俊不禁,从而营造出一种诙谐幽默的氛围。如,"海底捞月"(海蜇鸽蛋汤)、"汤浴绣丸"(肉末和鸡蛋做成的丸子有如绣球,加汤煨成)、"鸳鸯戏水"、"欢天喜地"等。这类命名随物赋形,形象可感,同时名与实、景与物又相映成趣。以下是具体例子:

蚂蚁上树又名肉末粉条,是四川特色传统名菜之一。因肉末贴在粉丝上,形似蚂蚁爬在树枝上而得名。蚂蚁上树通常由粉丝(或

川菜"蚂蚁上树"

者粉条）、肉末为主料，辅以胡萝卜、姜、葱、豆瓣酱等辅料制作而成。成菜后，口味清淡，爽滑美味，色泽红亮，食之别有风味。菜以形取名，形象逼真。据传，蚂蚁上树这道菜的菜名，跟著名元代戏曲家关汉卿笔下的窦娥有关。窦娥用小块猪肉切末后，加粉丝炒好后给婆婆吃，婆婆除了赞叹好吃，还给这道炒粉丝起了个形象的名字"蚂蚁上树"。

佛跳墙又名福寿全，是福建省福州市的一道特色名菜，属闽菜系。佛跳墙选用鲍鱼、海参、鱼唇、牦牛皮胶、杏鲍菇、蹄筋、花菇、墨鱼、瑶柱、鹌鹑蛋等几十种原料汇聚起来煨于一坛，加入高汤和福建老酒，文火煨制而成。佛跳墙在煨成开坛之时，只需略略掀开荷叶，便有酒香扑鼻，直入心脾，其汤浓色褐，但厚而不腻。佛跳墙的几十种食材融合渗透、浓郁荤香、香飘四溢，口感软嫩柔润，味中有味。相传，该菜品是在清道光年间（公元1821—1850年）由福州聚春园菜馆老板郑春发研制出来的。起初，该菜取吉祥如意、福寿双全之意，名"福寿全"。在一次

闽菜"佛跳墙"

宴会上，宾客品尝改进后的"福寿全"感到极其鲜美，座中文人即兴赋诗道："坛启荤香飘四邻，佛闻弃禅跳墙来"。同时，在福州话中，"福寿全"与"佛跳墙"发音亦雷同，于是，人们引用诗句意，普遍称此菜为"佛跳墙"。

龙虎斗又名豹狸烩三蛇，是粤菜传统名菜。龙为蛇，虎为猫，凤就是鸡。"龙肉"是取三种蛇肉（眼镜蛇、金环蛇、过树榕蛇）。清朝晚期，有一名叫江孔殷的广东人，在京城做官，吃遍山珍海味，成了美食家。晚年辞官回乡后，70岁时突发奇想，将猫和蛇一起烹制，因猫像虎，蛇形龙，龙与虎在中国文化里凡相遇必斗，故取"龙虎斗"以名其菜。而使其真正出名的缘由，则是国民党元老胡汉民和蒋介石之间的明争暗斗的故事。

粤菜"龙虎斗"

胡汉民，广东番禺人，中国国民党元老，曾任国民党党主席和南京国民政府立法院院长，在国民党内有一定名望。1931年2月，胡汉民和蒋介石之间发生激烈权力斗争、公开冲突，蒋介石极为恼火。蒋介石假意邀请胡汉民共进晚餐。

2月28日晚上，胡汉民应邀来到国民革命军总司令部，进屋后，看见餐桌上已摆好菜肴，桌子中间摆放的正是广东名菜"龙虎斗"，只是这道菜有点特别，猫口大张把蛇头含在嘴里。胡汉民感觉似有鸿门宴的味道，随即有人给他递上蒋介石写的一封信，信中罗列了胡汉民的十大罪状。胡汉民恍然大悟，与随后进来的蒋介石发生激烈争执，剑拔弩张。第二天，胡汉民便被囚禁在南京汤山，直至"九一八"事变爆发才被释放。胡汉民和蒋介石之间关系，算是最当得起"龙虎斗"这道菜名了。

五是典故寓意之雅趣。典故寓意就是借用历史典故给菜肴命名，意韵生动，耐人回味。如"霸王别姬"、"鸿门宴"（以蟹黄、燕窝烹制而成）、"曹操鸡"、"草船借箭"（清蒸鳜鱼为船，蛋松为草，嫩细冬笋为箭）、"火烧赤壁"（将鳖裙烧煨的酥红，剪切成火炬形的火腿片镶黄色蛋皮儿围边）、"东坡肉"、"宫保鸡丁"等。这样的菜肴命名，使人在享用美味佳肴之时，感受历史文化的精彩瞬间。以下是具体介绍：

"霸王别姬"是以甲鱼和母鸡为主料烹制的安徽萧县的传统风味菜肴，也是江苏徐州古典名菜。"霸王"指甲鱼，"虞姬"指鸡肉，霸王别姬本义是指西楚霸王项羽和爱妾虞姬，在项羽兵败于垓下（公元前202年）之后生死离别的悲情故事。徐州地区人民为纪念在推翻暴秦统治立下了汗马功劳的楚国英雄项羽，并怀念那位美丽贤惠、能歌善舞又大义凛然的绝代佳人虞姬，创制了"霸王别姬"这道名菜，流传至今。此菜鸡鳖肉质鲜嫩，汤浓味醇。

"曹操鸡"也称逍遥鸡，是安徽省合肥市的一道地方传统名菜，属于徽菜系。烹制时，把整只鸡洗净之后，涂满蜂蜜，入锅油炸，然后搭配杜仲、天麻、冬笋等十几种名贵中草药作为辅料，用多种调料卤煮，焖到酥烂而成。这道菜色泽红润，皮脆油亮，香气浓郁，骨酥

徽菜"霸王别姬"

徽菜"曹操鸡"

肉烂，风味独特，食后余香满口，营养和药用价值很高。三国时期（公元220—280年），曹操屯兵庐州（今合肥）时，因军政事务繁忙，操劳过度，卧床不起。治疗过程中，厨师按医生嘱咐在鸡内添加中药，烹制成药膳鸡。

曹操食后病情日趋好转，后常要吃这种药膳鸡。这道菜流传开来，被人们称为"曹操鸡"。

"东坡肉"是以苏东坡的名字命名的菜肴。苏东坡（苏轼）是中国北宋时期的著名诗人，他不仅对诗歌、书法有很深的造诣，对烹调菜肴亦很有研究。他自己会烹制菜肴，并十分擅长烧肉，在他的许多名诗中，亦有不少关于饮食方面的内容，如《食猪肉》《老饕赋》《丁公默送蝤蛑》《豆粥》《羹》等诗，都反映出他对饮食烹调的浓厚兴趣。

（三）美器

美器是指盛放饭馔佳肴的进食餐器要与菜肴品质适宜和相得益彰，起到烘托优雅气氛、陪衬美食的心理意境美化效果。

美食和美器，形式和内容相辅相成、相映成趣。

中国饮食，历来重视美食和美器的配合呈现。如果说，食物有"色、形、香、味、触"之美多种诱惑，那么，进餐器具、食器的美便是一个完美的辅助，美的食器会让美食变得熠熠生辉。器为食之所用，器亦为食物增彩。好的食器有气质有风骨，会给进食者营造一定的文化想象空间，在餐桌上一眼望去，使人感到赏心悦目，自然会食欲大增。唐代诗人李白在其《行路难·其一》中写道："金樽美酒斗十千，玉盘珍馐值万钱。"美酒要配"金樽"，珍馐美味要用"玉盘"来装饰，才能价值万千。同样，唐代诗人杜甫在《丽人行》中描写唐代宫廷餐桌上的奢侈华美时，写道："紫驼之峰出翠釜，水精之盘行素鳞。"驼峰确为美味，烹制好后用翠绿的"玉釜"端上餐桌，

浙菜"东坡肉"

清蒸鱼用晶莹透明的水晶盘子装盛好，呈现在达官贵人面前，真是珠联璧合，满桌生辉。

中国餐器之美，美在质，美在形，美在装饰，美在与馔品的和谐。本书第一章已述，从古到今，中国餐器有陶器、青铜器、金银器、玉器、漆器、玻璃器、瓷器等不同材质类别，它们均有着各自的优雅。彩陶的粗犷豪放之美，瓷器的清新雅致之美，铜器的庄重尊贵之美，漆器的透逸温润之美，金银器的华丽辉煌之美，玻璃器的亮丽之美，都会给进食者带来种种美好的精神享受。故清代著名诗人、美食家袁枚曾感叹道："古诗云'美食不如美器'，斯语是也。"袁枚在其刊行于1792年的饮食烹饪名著《随园食单》中，说"煎炒宜盘，汤羹宜碗"，"唯是宜碗者碗，宜盘者盘，宜大者大，宜小者小，参差其间，方觉生色。"也就是说，菜肴出锅后，该用碗的就要用碗，该用盘的就要用盘，既各得其所，又相得益彰，方可给人以精致美好体验。这算是袁枚对美食与美器关系的一个精辟的总结。

精致优雅的瓷餐具

（四）美境

美境就是饮食用餐环境要整洁干净、富有情调、宜人、舒适。把美味佳肴的享用安排在精心布置的环境中，可以使人获得更浓厚的艺术化审美情趣和心灵的愉悦感受。正因为如此，酒店、餐馆无不十分讲究装修装饰所营造的环境氛围。那些既能烹制出美味佳肴，在环境设计装饰上又能整洁优雅、情调宜人、富有个性的餐馆，才能经久不衰。

五、中国饮食文化是理性健康的科学饮食文化

中国饮食文化并非只是片面追逐食物美味、带来感性层面身心愉悦享受的饮食文化，相反，中华饮食文化在其形成和发展的历史

过程中，十分重视饮食与生命机体健康的根源性意义，创立和形成了独具特色的精彩的科学饮食思想。

一直以来，有饮食文化学者认为，西方饮食文化讲营养、讲热量，"是科学、实用的态度"[①]。

如，有人认为："中华饮食文化"追求'美味享受'，把饮食的味觉感受摆在首要位置上，注重饮食审美的艺术享受。中国的传统饮食观不存在营养的搭配。""对比注重'味'的中国饮食，西方是一种理性饮食观念……这一饮食观念同西方整个哲学体系是相适应的"；中国人"把追求美味作为第一要求时，却忽略食物最根本的营养价值，以至于很多传统食品都因为烹饪方法的不科学而使菜肴的营养成分受到破坏，因此，可以说营养问题实际上是中国饮食文化的最大弱点"；"在中国，饮食的感性追求显然压倒了理性，而这种饮食观与中国传统的哲学思想也是吻合的"[②]。

更令人难以接受的是，有人认为："谈到营养问题，也就触及中国饮食的最大弱点"，"中西方的哲学思想不同，西方人的饮食注重科学，即讲求营养，故西方饮食以营养为最高准则……特别讲求食物的营养成分（蛋白质、脂肪、碳水化合物、维生素及各类无机元素）的含量是否搭配合理……即便是西方首屈一指的饮食大国——法国，其饮食文化虽然在很多方面与我国相似，但一涉及营养问题，双方便拉开了距离"。"中国五味调和的烹调术，旨在追求美味，其加工过程中的油炸和长时间的文火

---

① 摘自王学泰所著《华夏饮食文化》，商务印书馆 2013 年出版，第 150 页。
② 赵红群：《世界饮食文化》，时事出版社 2006 年版，第 301~304 页。

煮，都会使菜肴的营养成分被破坏。法国烹调虽亦追求美味，但总不忘'营养'这一大前提，舍弃营养而追求美味是他们所不取的。"①

另外，对中国传统饮食文化以五谷为主食的优缺点争议也很大。如美国学者安德森认为，中国大陆具有海拔最高的山峰和海拔最低的盆地，动植物资源丰富，可选择食物多；中国人选择了最经济和营养差的谷物，从而养育了众多人口②。

对诸如此类的观点，笔者难以苟同。

事实上，中华饮食文化在几千年的历史发展长河中，与时俱进，不断探索进取，经过世代积累沉淀，日趋丰富完善，最终形成博大精深、独特璀璨的民族饮食文化，经受了历史的长期检验，也必然具有合理性、科学性、先进性。"用洋人的'营养'来否定华人的'味道'，实属浅薄之见。"③

笔者认为，中华饮食文化的合理性、科学性和先进性，至少表现在两大方面：其一，"五谷为养、五果为助、五畜为益、五菜为充"的中华传统饮食文化结构，经历了历史和时代的检验，是科学合理平衡的饮食结构；其二，中国饮食文化和中国医药文化自古以来互相贯通，"食医同源、食医合一"始终是中华饮食文化和中医药文化的基本思想。

---

① 徐文苑：《中国饮食文化》，清华大学出版社、北京交通大学出版社 2014 年版，第 37 页。

② 安德森：《中国食物》（中译本），江苏人民出版社 2003 年版。

③ 高成鸢：《味即道——中华饮食与文化十一讲》，生活书店出版有限公司 2018 年出版，第 372 页。

（一）中华饮食文化的传统饮食结构不但是科学合理的、均衡的，而且是具体生动的、实用的

如本书第一章所述，中华饮食文化早在公元前21世纪到公元前5世纪的夏商周三代时期，就初步稳定地形成和确立了以谷物粮食为主食、以蔬菜水果和肉食为副食的饮食基本结构。也就是说，中华饮食文化在古代（周代）就形成了以植物食物（素食）为主、动物食物（荤食）为辅的饮食结构，这是中西饮食的基本差别之一。

事实上，在陶器烹饪时代和青铜烹饪时代形成的这一中华基本饮食结构，经历了从自发到自觉的长期历史发展过程。进入铁器烹饪时代（战国到秦汉时期开始）以后，中华先贤便在理论上明确提出和确立下来了中华饮食结构，其典型代表就是成书于战国时期的中国现存最早的医学典籍《黄帝内经》，它对中华饮食结构做出了精辟的概括："五谷宜为养，失豆则不良。五畜适为益，过则害非浅。五菜常为充，新鲜绿黄红。五果当为助，力求少而数。""五谷为养，五果为助，五畜为益，五菜为充。气味合而服之，以补精益气。"

知识卡片2-8

中国最早的医学典籍——《黄帝内经》

《黄帝内经》是目前为止所知的中国最早的医学典籍，其编著成书年代有争议，通常认为其成书年代是西汉时期（公元前202年至公元8年），而并非处于远古的新石器时代中后

期的中华先祖黄帝所为，编著者冠以"黄帝"之名，意在溯源崇本。

现存《黄帝内经》分为《素问》《灵枢》两大部分，每部各81篇，合计162篇，总字数15万6千多字（156 507字）。《黄帝内经》是一本综合性的医书，建立了中医学上的"阴阳五行学说""脉象学说""藏象学说""经络学说""病因学说""病机学说""病症""诊法""论治""养生学""运气学"等学说，从整体观上来论述医学，呈现了自然、生物、心理、社会之"整体医学模式"。其基本素材来源于中国古人对生命现象的长期观察、大量的临床实践以及简单的解剖学知识。《黄帝内经》奠定了中医学关于人体生理、病理、诊断以及治疗的认识基础，是中国影响极大的一部医学著作，被称为医之始祖。

"谷养、果助、畜益、菜充"这一中华饮食结构，是华夏先贤在民族生存发展的长期饮食历史实践基础上，以人的生命机体的健康需要为出发点和目的，所确立的理性、均衡的中华饮食纲领。从现代营养科学来看，完全是科学的、合理的，而且，用"谷养、果助、畜益、菜充"对饮食结构的阐述十分直观生动，人们在日常饮食生活中易于把握和遵循，因而富有极强的实用意义。

第一，"五谷宜为养，失豆则不良"，以直观生动的感性形式，指明了人体新陈代谢所需的养料和能源来自谷物粮食，谷物粮食是华夏民族生命健康发育成长和机体活动的主要动能来源。

"五谷"泛指稻、麦、粟、黍、菽等谷物粮食。

"五谷为养"，揭示和指明了维持和满足人的生命机体新陈代谢、生理功能所需的养料、能源，在根本上是由谷物粮食来提供的，粮食是生命活动的动力来源。所以，粮食在中华饮食结构中居于主食的地位。两千多年前中华先贤的这一思想观点，完全符合现代营养科学所说的人体日常运行最需要两项营养物质——蛋白质和碳水化合物——主要应由谷物粮食提供。

现代营养科学表明，在谷物、瓜果、肉食、蔬菜四类食物中，只有谷物粮食才能担当起"主食"的角色，果、肉、蔬都无法充当"主食"角色。两千多年前，中华先贤就提出"五谷为养，失豆则不良"的饮食纲领，准确地把握住了人体新陈代谢生理机制的主体和根本。当然，中华饮食还强调食"五谷"要全面"杂食"，不可偏食，主食种类须多样化。

第二，"五畜适为益，过则害非浅"，指出了在人体生命所需的营养物质中，动物肉食是对作为主食的谷物粮食的必要、有益的补充。但动物肉食只能处于辅助食物的补充地位，要把食肉控制在一

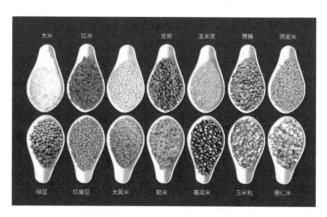

五谷为养

定的范围之内，否则，"过则害非浅"，即过多则适得其反，对生命健康产生危害。

"五畜"泛指牛、狗、猪、羊、鸡等禽畜肉食。

"五畜为益"，从营养学角度讲，在于肉食含有较多的动物蛋白质、丰富的动物脂类物质和足量而平衡的B族维生素和微量元素，这些都有益于补充谷物粮食食物的"养"之不足，对人体有很大裨益；特别是，肉类食物为人的脑髓提供了重要营养，是脑髓发达的物质基础，是人类智慧的源泉。中医理论认为，不同的动物肉食，对人体发挥着不同的滋补的益处。例如，中医认为狗肉性温，是冬季温补佳品，具有补肾益精、补血补气等功效，但是，狗肉具有食后容易口干的副作用，过量食用会导致上火，甚至会流鼻血；同样，中医认为，适量食用猪肉、羊肉、牛肉、鸡肉，都对人体有不同的滋补作用，有益于促进人体生命活力，但是每种肉食都不可多食，否则就变成了有害无益。

所以，中化饮食文化的理念是"五畜"不能处于人类食物的主体、主食地位，对肉食的食用需要限制在一定数量内。例如，成书于战国末期（约完成于公元前239年），由吕不韦主持编著的《吕氏春秋·重己》指出，善于养生的人是"不味众珍"的，因为"味众珍由胃充，胃充则大闷，大闷则气不达"。"众珍"主要指游鱼、飞鸟、走兽之类的动物肉食。

中国营养学会曾给出吃肉的标准量是每天50~75克。有关研究表明，由于肉食含大量蛋白质和脂肪，吃肉过多对人体非常有害。人若是成为"肉食动物"，不仅会对人体带来损害，还会使大脑多巴胺分泌旺盛、乙酰胆碱活动异常，使人情绪暴躁、欲望强烈，而且影响智力。显然，当今时代，由于经济发达，物质生活水平大大提高，许多人因对肉类食物摄取过量，身体中的能量、动物蛋白、饱和脂肪酸和胆固醇等供过于求，导致肥胖症、高血压、冠心病、糖尿病、直肠癌等营养过剩的"富贵病"这一问题，从反面证明了"五畜为益，过则害非浅"，亦即肉食在人体摄取营养素结构中应发挥有益作用，不能取代谷物主食地位这一定论的科学性、合理性。

第三，"五菜为充，新鲜绿黄红"，是指饮食在"谷养""畜益"之外，还要发挥充实"养、益"之不足的作用，使人体生命所需的营养物质更加全面、均衡。

"五菜"泛指各类蔬菜，包括人工种植的蔬菜和自然生长的野菜。我国明代著名医药学家李时珍曾把"菜"透彻地定义为："凡草木之可茹者，谓之菜。"

五菜为充

现代营养科学研究表明，蔬菜是人体日常所必需的几种维生素和矿物质的主要来源，对人体酸碱平衡、活性酶和心血管健康等的维护，有着极其重要的作用。蔬菜中含有丰富的维生素、纤维素、糖类、钙、磷、铁、无机盐，以及钾、镁、钙、铁、钼、铜、锰、锌、硒、碘等多种微量元素，这些都是促进和维持人体的消化系统、血液系统等正常生理新陈代谢和预防疾病所不可或缺的，蔬菜对生命的健康和长寿发挥着重要保障作用。

第四，"五果为助，力求少而数"，确立了瓜果类食物在维护人体健康、预防疾病方面是必需的辅助作用。

"五果"泛指果类食物，通常指水果。

水果作为植物果实，富含多种维生素，维生素对人体健康起着重要的作用，是人们从水果中摄取的主要营养成分。水果中还含钙、磷、铁等主要矿物质，它们是人体正常生理活动所必需的；这些矿物质可以中和鱼、肉、蛋等含有的酸性物质，保持人体的酸碱平衡，使人减少疾病的发生。

五果为助

"五果为助"是说，瓜果在人体摄取营养素结构中的作用，只能是辅助地位。明代著名医药学家李时珍在《本草纲目》中深刻指出，五果"辅助粒食，以养民生"。用现代营养科学来说就是，水果中含有大量的糊精、蔗糖、果糖、葡萄糖、柠檬酸、苹果酸等，这些都发挥着维护人体健康的作用。

事实上，2 200多年前《黄帝内经》提出和确立的"谷养、畜益、菜充、果助"这一饮食结构的科学性、合理性屡屡被人们确认。早在1918年，中国近代民主革命先驱孙中山先生就在其所著《建国方略》第一章"以饮食为证"中一针见血地指出："中国人之食，不特不为粗恶野蛮，且极合于科学卫生。"要知道，孙中山先生不但是西医学者，而且还十分精通营养学，对营养科学颇有研究并有长篇论述，例如，他曾率先指出大豆是植物蛋白质的重要来源。

综上所述，在中国饮食文化中，关于饮食结构的阐述有非常重要的地位，其合理性、科学性、先进性早已得到现代营养学对平衡膳食结构研究的验证。这里不再赘述。

相反，西方饮食文化的饮食结构，其谷物粮食等植物食源占比过少，动物性食源占比较大，因而其膳食营养具有高热量、高脂肪（胆固醇）、高蛋白质的"三高"的特点。美国每年至少有100万新增心脏病患者，近60万人因此丢掉性命。美国心脏病研究委员会的研究报告指出，这些心脏病患者大多数是由于吃肉太多，吃蔬菜过少，运动也太少。吃肉多和高血脂、肥胖等代谢病也息息相关。英国《每日邮报》曾撰文表示，关节炎、胆结石、老年痴呆症、骨质疏松这些看似不相干的病，也与吃肉多脱不了干系。

下面姑且引述熊四智先生《中国人的饮食奥秘》一书所转载的相关国际报道。

1988年《世界科技译报》报道：美国国会……参议院政府事务委员会……听取了美国康奈尔大学营养生化学教授柯林·康培尔的专题介绍……康培尔教授认为，西方人的营养观点过于片面，只强调单一营养成分的作用，而忽略了整体食物结构之间的错综复杂的生物学关系。……调查结果表明，中国人摄取的热卡比美国人多20%，胖人却很少。原因在于，中国人食物中的脂肪只有美国人的1/3，摄取的碳水化合物却比美国人多1倍……中国人血清胆固醇很低，因此心血管疾病也很少。中国人饮食中的纤维素含量高，但中国人的血浆中铁、锌和锰的含量都符合健康标准。康培尔教授认为，人是天生的素食者。他忠告美国人，以中国为榜样，多吃植物食品，少吃动物食品。美国《健康》杂志也曾刊文指出：美国人是可以向中国人学点什么的，特别是饮食。最近完成的一项历时6年的研究表明，在世界范围内，中国人的饮食最有益于健康。[①]

然而，非常遗憾和令人痛心的是，在社会经济快速发展和人们物质生活水平不断提高的时代背景下，中国传统饮食文化中科学、合理、平衡的传统膳食结构受到了冲击，不知不觉中，人们的饮食结构发生了对人体健康不利的变化：谷物粮食类食物的消费量普遍地趋于下降，而植物油类、肉禽蛋类和糖类食物的消费比例不断上升，这使得中国人心血管病发病状况日益严峻。2021年7月，中国国家心血管病中心发布了《中国心血管健康与疾病报告

---

① 熊四智：《中国人的饮食奥秘》，中国和平出版社2014年版。

2020》，报告指出，中国心血管疾病患病率处于持续上升阶段，推算心血管疾病现患病人数3.3亿人，心血管疾病死亡率持续位居首位。其中，高血压2.45亿、中风1 200万人、冠心病1 139万人、肺源性心脏病500万人、心力衰竭890万人、心房颤动487万人、风湿性心脏病250万人、先天性心脏病200万人、下肢动脉疾病4 530万人，其基本原因之一就是日趋西化的不合理、不健康的饮食结构。

2006年，中国人民解放军总医院教授赵霖发表的《平衡膳食，科学配餐》一文揭示了"牙齿的秘密"："肉类食物对人的生命机体是有益的、不可缺少的，但如果长期过量食肉，则对人的大脑健康十分不利，容易导致早老性痴呆。那么，吃多少肉才适合？原来，人类在长期的生命进化过程中所形成的牙齿结构和肠道结构早已给出了答案和标准。人共有32颗牙齿，其中臼齿20颗，用于磨碎谷物、豆类和其他种子类食物；切齿8颗，用于切咬果蔬类；唯独4颗犬状齿是为了撕咬肉类食物。三类牙齿的比例是，臼齿：切齿：犬齿=20：8：4=5：2：1。由此可知，人类合理的食物结构中，植物性食物和动物性食物的比例应当是7：1。正是这个神秘的比例，规定了人类合理的食物结构，这无疑是由人类数百万年的生命进化历史自然发展的结果。"[1]

---

[1] 赵霖：《平衡膳食，科学配餐》，《科学养生》2006年第9期。

（二）几千年来，中国饮食文化和中医药文化一致主张和提倡食医同源和饮食养生，通过调理和控制饮食生活，预防和治愈疾病，维护生命健康和实现延年益寿

无论是中华饮食文化还是中医药学，都把人的生命机体的生长与衰老、健康与疾病置于其自身固有的生态关系中去认识和对待，是合理的、高明的，是科学的健康文化理念。显然，这是通过对生命机体赖以从外部获取营养物质，从而得以不断生存和运行的根本源头——饮食生活采取干预和调理措施，来预防和治疗疾病，促进生命健康，达成康乐长寿的美好愿望。

其一，食医同源、食医合一。

中华文化"食医同源"（"药食同源"）、"食医合一"，起源于远古时期华夏先民的原始采集生活。约两千两百年前，西汉时期的典籍《淮南子·修务训》追述：华夏始祖炎帝"神农……尝百草之滋味，水泉之甘苦，令民知所避就，当此之时，一日而遇七十毒"，生动地说明了先民在采集觅食过程中，已认识到许多野生植物既能充饥果腹，也能解除疾病之痛。这就是中医学中"药食同源"的理论依据。

到目前为止，有据可查的中国历史上最早的药食同源这一文化传统有确凿史实支持，就是在夏商周三代时期国家机构中出现过专门管理和研究天子的饮食生活的"食医"官职。西周时期周公旦所著《周礼·天官》记载，"食医"居于"疾医""疡医（yáng yī）""兽医"之首。"食医"的职责是"掌和王之六食、六欲、六膳、百馐、百酱、八珍之齐"。《周礼·天官》还记载了疾医主张用

"五味、五谷、五药养其病"，疡医则主张"以酸养骨，以辛养筋，以咸养脉，以苦养气，以甘养肉，以滑养窍"等。这些主张已经是很成熟的食疗方法了，表明3 000多年前中国古人已经明确饮食与人体健康的密切关系。

到了公元7世纪中叶，著名唐代医学家孙思邈在其医学巨著《备急千金方》第26卷《千金食治》中，首次对饮食疗疾做出了专篇论述，对食治展开了系统的理论撰述。孙思邈主张："为医者，当须先洞晓病源，如其所犯，以食治之，食疗不愈，然后命药。"孙思邈在《备急千金方》中强调，饮食行为不当，不仅是疾病的起因，也是疾病复发的原因，"不减滋味，不戒嗜欲，不节喜怒，病已而可复作"。这也就是今天人们常说的：很多人的病都是吃出来的。公元三世纪，中国西晋思想家傅玄在其短文《口铭》中，就曾指出"病从口入"。孙思邈认为医生有三等，"上医医未病之病，中医医欲病之病，下医医已病之病。"孙思邈自己身体力行，享年101岁（公元581—682年）。更有孙思邈的弟子、唐代著名医学家、食疗学家孟诜（shēn）（公元621—713年），撰写了历史上第一部食医专著《食疗本草》，把中华食医食治文化推进到了新的历史高度，发展成为一门独立的中医食疗科学。

知识卡片2-9

药王孙思邈

孙思邈（公元581—682年）是隋唐时代著名医药学家，被后人誉为"药王"。孙思邈十分重视民间治病医药经验，长期在民间走访和记录，约于公元652年撰写完成中国历史上第一部临床医学百科全书、医学巨著30卷《千金要方》。

孙思邈接受唐朝朝廷的邀请，与之合作开展医学研究，并于公元659年完成了世界上第一部国家药典《唐新本草》编著。

约于公元682年，孙思邈撰写完成30卷《千金翼方》作为《千金要方》的补充，后人将《千金要方》和《千金翼方》合称《千金方》，两部巨著共60卷。

其二，饮食养生，延年益寿。

"饮食养生"的健康理念源于"食医同源、食医合一"的思想认知和实践经验。几千年来，中国人倡导的养生方法，用西汉淮南王刘安在《淮南子》中的话简要概述就是："凡治身养性，节寝处、适饮食、和喜怒、便动静，使在己者得，而邪气因而不生。"意思是，应顺应自然、起居有常、生活规律，饮食有节、辨证施食、清淡平衡、少吃多餐、切勿暴饮暴食；应动静咸宜、适当运动、促进代谢、增强体质，心态乐观、笑口常开，勿喜怒无常，清静恬淡。这也就是自然养生、饮食养生、运动养生、精神养生四个方面。

成书于战国末期的《吕氏春秋》特别关注饮食养生，强调贪食过饱的危害："凡食之道，无饥无饱，是之谓五藏之葆。"如果对甘酸苦辛咸"口之欲五味"不加节制、贪食过度，"五者充形，则生害矣"，"口虽欲滋味，害于生则止"，一定要把握"口不可满"的饮食原则。

《黄帝内经》对食疗有非常卓越的理论，如"大毒治病，十去

其六；常毒治病，十去其七；小毒治病，十去其八；无毒治病，十
去其九；谷肉果菜，食养尽之，无使过之，伤其正也"，此为最早的
食疗原则。

唐代孙思邈在《备急千金要方》第21卷《道林养生》中，对养
生进行了详尽论述，其中十分强调精神养生，倡导要通过提高自我
精神修养，保持心态平衡，淡泊名利，"安神定志、无欲无求"，以
德养性、以德养身。

元明之际，著名养生家贾铭（约公元1269—1374年）写出了详
论饮食禁忌的专著《饮食须知》八卷，对360种食物的性味、相忌、
相宜等给出了详细的说明，是第一部详尽论述饮食宜忌的养生专著；
贾铭对此身体力行，享年106岁。

总之，"药食同源"这一理论认为：许多食物既是食物也是
药物，食物和药物一样能够防治疾病。在古代远古时代，人们
在寻找食物的过程中，发现了各种食物和药物的性味和功效，
认识到许多食物可以药用，许多药物也可以食用，两者之间很
难严格区分。这就是"药食同源"理论的基础，也是食物疗法
的基础。

中华药膳

知识卡片2-10

世界最早的食疗专著《食疗本草》

《食疗本草》是世界上现存最早的食疗专著，集古代食疗之大成，与现代营养学的原理相一致，对我国和世界医学的发展做出了巨大贡献。该书共3卷，由唐代著名医药学家孟诜（公元621—713年）撰，张鼎增补改编，约成书于唐开元年间（公元713—741年）。一般认为此书前身为孟诜所著《补养方》，张鼎补充了89种食疗品编为本书。书中所录食疗经验多切实际，药物来源广泛，充分顾及食品毒性宜忌及地区性，为唐代较系统全面的食疗专著。原书早佚，敦煌曾有残卷出土，近代有辑佚本。

第三章

中国独特的烹饪技术——炒

炒烹法，即炒菜，是中国饮食烹饪技术体系中最重要和最普遍的一种烹饪技术。铁锅炒菜这一烹饪技术，大约于 1 600 年前南北朝时期在中国出现和逐步普及，炒制烹饪实现了中华民族烹饪技术的第三次飞跃。在世界饮食烹饪文化中，炒菜是中华民族独创独有的饮食烹饪技艺，是中国饮食文化的独特元素和象征。可以说，正是炒这一烹饪技艺，使中国饮食文化在世界饮食文化大家庭中卓尔不群，独树一帜。

一、炒的魅力——炒烹法在中国烹饪体系中的重要地位

（一）中国历史上的老饕

如本书第一章所述，在中国饮食文化中，一个突出的民族特质就是赋予了解决生存所必需的吃喝饮食重要的人生精神生活意义，在各个历史时期，尤其是在两千多年的中国封建社会时期，产生或涌现出众多知名的厨师和美食家。如晚唐文学家段成式所著《酉阳杂俎》记述的女名厨膳祖，南宋宋高宗宫中的女厨师刘娘子，南宋著名民间女厨师宋五嫂，明末清初时期的秦淮名厨董小宛，清代乾隆年间的大诗人袁枚的家厨王小余；再有，文人墨客中著名美食家有唐代大诗人杜甫、北宋大文学家苏轼、晚明文学家张岱、明末清初著名戏剧家李渔、清代著名诗人袁枚等，不一而足。

这些历史上的"老饕（tāo）"，多不辞辛劳、不吝笔墨，对其喜爱的种种美食及其烹制方法进行了认真仔细的记述。

诗圣杜甫虽然人到中年颠沛流离、贫困交加，但对于美食和烹饪的钟情爱好从未停息。在他的诗歌里，从宫廷大餐，到王公宴会，到农家小酌，都有对珍馐佳肴生动的描写。在其《戏题寄汉中王三首》中写道："蜀酒浓无敌，江鱼美可求。"在其《阌乡姜七少府设鲙，戏赠长歌》一诗中，对吃生鱼片的情形做了详尽的艺术化描写。可以说，杜甫是用诗歌表现中华美食的第一人。

醉心追求人生各种"吃喝玩乐"的狂人张岱著有《老饕集序》。张岱对于美食极尽讲究之能事，尤其是对于螃蟹吃法的研究颇为独到。每年十月，张岱都会邀请一众友人兄弟举行"蟹会"，进行吃蟹比赛，所有这些，都记载在其《食蟹》一文中。

李渔在其所著《闲情偶寄》中，撰述有《饮馔部》，分蔬食、谷食、肉食三节各自撰述，也就是说，蔬菜、米面主食、禽鸟兽畜鱼虾，美食所需各种材料的制作、食用，他都研究到了，而且往往有自己独到的见解。

而清代乾隆年间袁枚1792年出版的著作《随园食单》，可以说是源远流长、博大精深的中华饮食烹饪文化的一个象征性标志。该书分为须知单、戒单、海鲜单、江鲜单、特牲单、杂牲单、羽族单、水族有鳞单、水族无鳞单、杂素菜单、小菜单、点心单、饭粥单和茶酒单十四个方面。在须知单中，袁枚提出了全面而严格的二十个烹调操作要求；在戒单中，提出了十四个注意事项。袁枚还不厌其烦地用大量篇幅详细记述了中国从十四世纪至十八世纪流行的326种南北菜肴饭点。

从袁枚的《随园食单》中可以看出，历史上优秀名厨所创造的大多数名菜佳肴经受住了时间的考验，它们沉淀下来并传承于后世。几百年间，这些名菜佳肴在制作上的基本要求没有多少变化。袁枚在书中所推崇的美食菜单非常实用，至今仍然广受人们追捧。《随园食单》无疑是一部系统论述中国古代烹饪技术和南北菜点的重要饮食烹饪名著，其自18世纪末期问世以来，长期被公认为指导历代厨师们学习和实践的烹饪经典，并且，其影响已然跃出国门，在世界上不少国家受到重视。该书在英国、法国、日本等国均有译本。

然而，要说中国历史上最负盛名的美食家，非东坡居士苏轼莫属。

苏轼不只是"贪吃"的美食家，也是非常擅于烹制美味的历史名厨，其发明创造的知名菜肴不在少数，如"东坡肉""东坡肘子""东坡鱼""东坡豆腐"等。苏轼留下的美食佳作颇丰，有《菜羹赋》《猪肉颂》《豆粥》《鲸鱼行》等。特别是，在其著名的《老饕赋》中，苏东坡以"老饕"自嘲，称"盖聚物之夭美,以养吾之老饕"。意思是说，天下的所有美味，都是供我苏轼来享用的，可谓将其"贪吃"的本色展现得淋漓尽致。其中，"老饕"一词是由"饕餮（tāo tiè）"演绎而来。饕餮原本是中国古代神话传说中一种十分凶悍和极其贪食的凶恶怪兽，是传说中的四大凶兽之一。在日常生活中，饕餮是贪欲的象征，常用来形容贪食或贪婪的人，是一个贬义性概念。但是，自从苏轼作《老饕赋》，受苏轼以老饕自诩、以老饕为荣之影响，人们就淡化了"饕餮"的本来含义，"饕餮"一词的使用也发生了由贬义向褒义的转化，成为表达对擅长知味辨味的美食爱好者的专用名词，特指那些十分会吃、"贪吃"并时时处处追逐美食的食客（俗称"吃货"）。此外，苏轼晚年还曾着意于汤菜（羹）的研制，先后发明过几款羹。其中一道的材料是春笋、荠菜，加入 蕭粉（姜、蒜、韭菜的碎末）煮制汤羹："新春阶下笋芽生，厨里霜 蕭倒旧罌。时绕麦田求野荠，强为僧舍煮山羹。"（见苏轼诗作《次韵子由种菜久旱不雨》）。还有一道是苏轼在田野间制作的。架一口断了腿的破鼎，主要材料是蔓菁和芦菔（就是萝卜）。这款羹大概有不错的保健作用，苏轼十分得意，自诩为"珍烹"，而且以"东坡羹"三字命名之（见苏轼诗作《狄韶州煮蔓菁芦菔羹》）。

（二）炒烹法在中国饮食烹饪文化中的重要性

中国历史上，之所以能够产生这一文化现象——涌现出众多的知味辨味的美食家和烹饪美食佳作，都不能不归功于中华民族历史上独创的独特烹饪技术：炒烹法，即炒菜烹饪文化。用一个字说就是：炒！

正是由于中国人发明创造了"炒菜"这一烹饪方式，能够烹制出千变万化的诱人的美味佳肴，从而使中国人把吃饭、追逐美食上升为一种人生享受、一层人生意义所在。

20世纪以来，华人在世界各国特别是欧美国家开设经营的中餐馆数量日益增多。据央广网2018年底有关报道，海外中餐馆数量已接近70万家。中华饮食能够走向世界，独树一帜，历久不衰，同样离不开中餐独有的"炒菜"技艺。

如本书第一章所述，从夏商周（包括春秋战国时期）经历的1 800多年，到两汉至东晋时期的600多年，在总计2 400多年的时间里，中华饮食烹饪技术方式主要是水煮、汽蒸、火烤、油煎、油熬（油煎和油熬使用的都是用动物油脂）。这就存在极大局限性：这些烹饪制熟技术方式所适用的食物原料主要都是畜禽动物肉类食材，而由叶、茎、花、根组成的植物食材——蔬菜，基本上不宜用油煎、油熬、火烤、汽蒸的烹饪制熟方式。虽然用水煮蔬菜制熟也是可以的，但是，大多数绿色蔬菜植物经过水煮之后，无疑不会是佐餐下饭的美味。由此可知，在使用青铜炊具以及陶制炊具对食物进行蒸煮煎熬的漫长烹饪历史时代，中国人饮食生活中所谓的"美味菜肴"，主要就是肉羹或者是加入少许蔬菜的肉羹，这就必然使人们受制于饮食烹饪的菜肴的款式、品种和滋味。还需要指出，古代的羹，是把动物肉用动物油脂进行煎熬而成，呈黏稠状，类似于我们今天的酱类，属于下饭的菜肴，而今天我们说的羹，是指用来喝的或浓或淡的汤。

可以说，中华饮食烹饪文化发展到南北朝时期（公元420—589年），伴随着"炒菜"——使用铁质锅釜炊具、高温加热植物油脂，对肉类食材和蔬菜类食材进行炒制而熟——这一中华饮食独有独创的伟大烹饪技术出现之后，中国饮食文化开始出现了重大的质的飞跃，"炒"开启了中华饮食文化昌盛灿烂的历史发展时期，中华饮食文化日益展现或焕发出独特的民族文化魅力，乃至有人认为铁锅炒菜可以说是中国的第五大发明。

可以说，中国博大精深、多彩多姿的饮食文化成果——鲁菜、苏菜、川菜、粤菜、浙菜、闽菜、徽菜、湘菜八大菜系，以及其他各个地方小众菜系——烹饪制作、发明创造的成百上千的菜肴品种式样，百分之八十以上的菜式都是通过炒制方法烹制的，即都是炒菜！而且，其他中式烹饪方法常常也是在炒菜的基础上，再辅以其他烹制方式，如烧菜、焖菜、炖菜、烩菜等，可以说都是炒的延续。

早在19世纪末期，清末著名思想家、外交家，洋务运动主要领导者之一薛福成，在1889年出访英、法、意、比四国时就曾指出："中国宴席，山珍海错，无品不罗，干湿酸盐，无味不调。外洋惟偏于煎熬一法，又摈海菜而不知用。是饮食一端，洋不如华矣。"从这一表述中可知，薛福成这位清末外交家觉得"饮食一端，洋不如华"的重要原因之一，正是在于烹饪技术，"外洋惟偏于煎熬一法"，而不知炒制烹饪技艺。所以，外国虽然也有其优秀的烹饪方法和美味的菜品，但是论饮食文化之博大精深，还是非中华饮食文化莫属。

（三）炒的魅力

作为中国饮食文化独特而鲜明的象征元素，"炒"的魅力究竟何在？铁锅炒菜何以在中华饮食烹饪文化中占据如此重要的地位呢？炒，给中国饮食烹饪文化带来哪些深远意义呢？

第一，炒，在短暂而激烈的水火交战之中，创造了无数世间美味。炒菜可谓是一场"可控核爆炸"，世间美味正是在这种爆炸之中创造出来的。

炒，这种熟食烹制技术，到底有何精湛高明的奥妙呢？

中国学者高成鸢在其所著《味即道——中华饮食与文化十一讲》第六讲第二节中以"水火交战，美味创生"为题，对此问题做出了深刻而精辟的科学阐述。[①]这里间接转述如下：

---

① 高成鸢著：《味即道——中华饮食与文化十一讲》，生活读书新知三联书店出版有限公司2018年版。

炒，这种烹制熟食方法，本质上是在水与火激烈冲突之中，使食材原料由生变熟。水火交战的"火"，是指锅底不断燃烧的炉火，通过锅具器皿把热能转化成锅中油脂的高温，植物油的沸点通常都在200℃以上，花生油和菜籽油的沸点为335℃。水火交战的"水"，是指包含在嫩肉、新鲜蔬菜等食材中的水分，猪牛鸡肉的含水量高于77%，蔬菜含水量更高，像黄瓜含水量是97%左右。所以，当厨师把切割好的富含水分的丁、片、丝、条、块、球、末等微型化食材原料，投入炽热高温油脂中，瞬间锅中便发生了激烈的水与火的冲突，正是在水与火激烈"交战"的过程中，食物在短时间内迅速由生变熟。简而言之，炒烹法熟食的内在机理，正是水与火在瞬间的激烈冲突的结果。人们时常可以看到厨师"炒勺上出现烈焰冲天的景象"，令人惊叹，其实这就是锅内油脂高温热量到了极点，而显现出了火的"原形"。

高成鸢先生把炒菜称为"水火交战"，真是名副其实、精辟至极。

作者在书中生动形象地写道，"炒，有点像'可控'核爆炸"，因为"炒菜活像两军交战，'水'军突入'火'军阵地，'火'军激烈抵抗，战火熊熊杀声震天"，若不慎把"水珠滴进热油锅，溅到手背上，烫出个大燎泡，从性质上看就是一场爆炸"，炒，简直就是一种微型的"可控核爆炸"，它把可怕的瞬间的能量爆发，变为可以控制的物理作用过程，把"险情"变成可以造福于人（口福）的技术手段。而锅中的"水火激战"完全是在厨师的控制之中，厨师通过调控炉灶的火力大小和时间长短来控制锅中的油脂高温，通过锅中投入的食材原料的品种和数量来控制水的多少。当然，这是通过极短时间内的精准操作完成的，需要厨师对"水火战斗"具有丰富的经验和掌控能力。

所以，中国厨师的炒菜烹饪过程，具有一定的观赏性、艺术性，那锅勺之间接二连三的敲击声，锅内水火交战的"喊杀声"，颇似一首奇特的交响曲，刺激着你的耳膜。还有时不时从锅内升腾起来的一团团熊熊火焰，蓝色夹着黄色，颇有几分壮观。而在这似乎充满险情而混乱的阵势面前，厨师们却表现出一副气定神闲、临危不惧、稳操胜券的淡定气质，令人敬佩。

相信手握炒勺的厨师们也一定很享受这个水火交战的可控核爆炸过程所带来的刺激感、自豪感。在酒店餐馆，人们常常会看到，中国的大厨们像魔术师一样，个个都能把水与火的交战玩到炉火纯青的地步，可以说，这是自公元五六世纪南北朝时期炒菜技术发明以来，中国人在一千六百年间世代修炼得来的真功夫。

烹饪之火

在此要特别指出，炒菜的独特所在——炒，这种利用高温油脂炒烹熟食的技术方法，在瞬间的水火交战过程中，既完成了使食物由生变熟的烹制功能，又避免了长时间的蒸煮熟食烹制方式造成食物失去鲜味的弊端。所以，炒菜既下饭又解馋、又鲜又香。鲜，是因为食物材料的水分和食物的自然"本味"没有受到热能的长时间破坏而丢失；香，是因为在高温油脂作用下具有了油脂的芳香，和调味品对菜肴的变味作用。中餐菜肴烹制技法多样化——水煮、汽蒸、火烤、油煎，但是，如果要中国人选择一种方法保留下来、其他方法都必须放弃，那么，相信大多数中国人最舍不得放

令人垂涎欲滴的芹菜炒西兰花

弃的就是炒了。千百年来，中国人享受的无数美味佳肴，主要就是来自炒烹法——炒菜！炒！

近代美食家梁实秋曾言，欧美人完全不了解"炒"为何物。梁实秋在《雅舍谈吃·炝青蛤》一文中写道："西人烹调方法……就是缺了我们中国人的'炒'。……英文中没有相当于'炒'的单词，目前一般都翻译作stir fry（一边翻腾一边煎）。"梁实秋还风趣地说，美国高级餐馆所做的一道鲜美的大蛤蜊"韧如皮鞋底"，而经过在中国烹饪炒制——"切薄片、旺火、沸油、爆炒、调味，翻动十余下，熟了"之后，变成了一道嫩香可口的美味佳肴。

第二，炒菜的发明，可以说是中国饮食烹饪文化发展史上的大事，是历史性成就，它带来了中国饮食文化发展史上一场烹饪技艺的变革。

炒菜的发明改变了长期以来蒸、煮、煎、烤组成的烹制格局，在根本上创造出了中国菜肴的独特风味。无论是普通百姓日常生活中用于佐餐下饭的家常菜肴，还是讲究奢华豪气的各式各样社会宴席上的名馔佳肴，都离不开一个字——炒！

首先，炒烹法给中国人带来数不尽的又鲜又香又脆的美味蔬菜菜食。

炒烹法可以炒蔬菜，也可以炒肉类，但通常中国人把炒制烹饪之术统称为"炒菜"，这是有其道理的。因为炒制这一熟食烹饪方式适用于广泛的大量的蔬菜类食材，蔬菜中的果类（黄瓜、茄子、番茄等）、叶类（如白菜、油菜、菠菜、韭菜、卷心菜、空心菜等等）、根茎类（如山芋、马铃薯等）、枝叶类（芹菜、春笋），无不可以在清炒、爆炒、煸炒等炒制之下，变成可口的鲜香的佐餐菜食。可见，炒制技术的出现和普及，使得种类繁多、产量丰富的大量蔬菜植物，都成为中国人的口中之物，这也正是所谓中国饮食文化特征之食材广泛的内涵之一。有材料表明：当今中国人食用性植物种类高达600余种，是西方人的6倍不止。这与炒制烹饪技术关系密切，炒，这一中国饮食独创的烹制技艺，功不可没。

众所周知，中国人有个特殊的文化习俗，就是每到一个新的地方居住和生活，总是喜欢在房前屋后或阳台墙角"开荒"种菜。这一华夏民族习惯颇为"倔强"，不论是在国内还是国外，以至于曾经发生这样的故事：一名洋女婿种花栽草的小院，让到访的中国丈母娘给变成了一片菜地。何以独独中国人喜欢种菜呢？有人归结于中国人勤劳的品性。其实，爱好种菜，这正是中国人深厚悠久的饮食文化的基因表征——有滋有味的炒菜这一日常饮食生活需要有源源不断的蔬菜保证，于是乎，就养成了种菜的民族爱好，种菜也就成为一种民族文化习性。自然，对中国人来说，种菜既是一种生存生活需求，也是一种精神情结。

其次，炒制方式缓解了肉类食材资源供给的有限性问题，而且荤素搭配在一起在高温油脂中烹制，更是给中国人创造了荤素结合的无数美味佳肴。

炒制烹饪只需要用较少量的肉搭配各种各样的蔬菜，就可以烹制出多种多样的美味佳肴，这是其他烹饪方式无法或难以做到

五颜六色、丰富多样的蔬果

的。例如，仅用二两（100克）肥瘦肉和半斤大白菜，就可以炒出物美价廉、营养丰富的可口家常菜。而烧烤、炖煮、油炸等烹制方式，仅有二两肉是很难加工的。即便是加菜的肉羹、肉汤的煮制，也非少量肉所能完成。炒制烹饪的食材配伍多样化，可以是一种食材单独炒制，也可以是多种食材搭配炒制。并且，相比蒸煮烧烤等烹制方式，炒制熟食方式用旺火速炒，烹制速度快而便利。

第三，炒菜的出现和普及，无形中在客观条件上很好地适应和深化了中华民族饮食文化在新石器时代中后期就初步形成，在夏商周三代青铜器蒸煮煎熬烹饪时代得以确立的以谷物粮食为主食、以蔬菜和肉食为副食的饮食文化基本结构，深刻地满足和契合了历史上《黄帝内经》所倡导的"五谷为养、五菜为充、五畜为益、五果为助"的理性、科学的中华膳食结构，从而反过来又使这一早在陶器烹饪时代和青铜烹饪时代便已形成的中华饮食格局更加根深蒂固地得到传承和弘扬。

二、炒烹法的产生和普及的历史时间

炒制烹饪方法是中国人独创独有，是中国烹饪技术长期发展的历史产物，是中华民族世代热爱生活、在追求美食美味的历史道路上不断探索创新的智慧成果。

在漫长的原始社会旧石器时代，烹饪熟食技术就是简单粗放的火石燔炙方法。到了新石器时代中后期，随着陶制炊具的发明使用，烹饪熟食技术发展为水煮汽蒸的技术方式，实现了烹饪技术的第一次飞跃。

香脆嫩的尖椒炒肉

到了夏商周奴隶制社会青铜时代，先民们在原有的水煮汽蒸烹饪技术基础上，增加了用动物油脂烹饪熟食的油煎油熬烹制技术，实现了烹饪技术的第二次飞跃。

到了封建社会铁器时代，也就是从战国时期到明清时期，在长期历史孕育的基础上，在冶铁业和植物油脂产业发展的历史条件下，铁锅炒菜技术终于被发明创造出来，从中实现了中华烹饪技术的第三次飞跃。从此，以炒为核心代表，煎、炸、爆、炒等中华烹饪技术成为中国饮食文化独特元素和象征，使中国饮食烹饪文化在世界饮食文化大家庭中，卓尔不群，独树一帜。

关于中国历史上炒制方法出现和普及的具体时间，长期以来，饮食文化学界众说纷纭，莫衷一是。大致主要有商代说、春秋说、南北朝说、宋代说四种观点。结合多方面资料，笔者认为，炒菜——使用铁质锅釜炊具、高温加热植物油脂，对动物肉类食材和植物蔬菜类食材进行炒制——这一中华独创独有的烹饪技术，最晚应该是在南北朝时期（公元420—589年）就出现了，并在距今1 400到900多年前的唐宋时期普及开来。在中国历史上，铁锅等铁制炊具虽然在战国时期就崭露头角，但由于冶铁业发展水平有限、铁材品质局限，铁锅这一炊具的使用还是受限的。导热性好、耐烧耐高温的铁锅这一炊具的普及使用，应该是在南北朝时期，到唐宋时期已然广为普及了。同样，植物油脂的普及使用，也是到了南北朝时期了。

具体来说，炒烹方法的出现和普及须具备三个条件：一是强悍旺盛、火力十足的能源，二是持续耐高温、内壁光滑的铁质锅，三是大量生产、供给丰富的植物油。这三个条件在历史上不是集中在某一时期具备的。显然，炒制这一重大烹饪技术的产生和普及，不是在某一个时期或朝代就突然创造出来，而是在一代代厨师烹饪技艺和经验不断积累传承、创新发展的烹饪实践基础上，有一个孕育、飞跃、确立、完善的历史过程。它是一个从铜器时代在铜釜上用动物油膏对肉类进行煎炸，到铁器时代，在铁釜铁锅上用植物油脂对蔬菜和肉类进行各种炒制的历史演变发展过程。其中，在中国历史上，对火力强悍的"新能源"煤炭的使用，至迟是在南北朝时期，北方地区就盛行用煤炭做烹饪燃料；汉代开始，已经开始使用大豆油、芝麻油、菜籽油等植物油了，到南北朝时，植物油品种增加、价格也便宜，使用比较普遍了；铁质锅釜在南北朝时期开始渐渐普及，到了唐宋时期则广为使用了。本书第一章对炒烹技术在中国历史上产生形成的历史条件有具体的分析阐述。

当代中国考古学家孙机结合考古证据，指出南北朝时期已经有真正的炒菜，南北朝时期已有炒菜的铁锅、植物油。有炒菜是无疑的。[1]南北朝时期的古籍文献，对炒菜已有明确的文字记载，较典型的，就是北魏齐思勰所著《齐民要术》对炒菜炒作过程的详细记载。如书中记载的"炒鸡子法"（炒鸡蛋）："打破，著铜铛中，搅令黄、白相杂。细擘葱白，下盐米，浑豉。麻油炒之。甚香美。"北宋时期已经出现许多以"炒"命名的菜肴，如北宋文学家孟元老所著《东京梦华录》中的"炒兔""炒蛤蜊""生炒肺""炒蟹""炒鸡兔"等。

三、炒菜的基本要领

（一）炒的基本要领

炒，是中国烹饪中最广泛使用、最重要的一种烹饪方法。

炒菜，是以食用植物油脂为制熟介质，将肉类和蔬菜类食材切割成丁、片、丝、条、块、球、末等体积较小的微型化原料，在较短时间内用中火或旺火在锅底加热，使锅内油脂至高温之后，

---

[1] 孙机：《中国古代物质文化》，中华书局 2014 年版。

放入切割好的食材，并快速翻动和搅拌，通过锅内油脂炽热高温作用使食材原料致熟并调味成菜的一种烹饪方法。炒菜的基本要领如下：

1.刀法要精细，食材大小形状要适当

炒菜所要加工的食材原料需要用菜刀切割成体积较小、大小、粗细均匀的肉片、肉丝、肉丁、肉块、肉球、菜段、菜叶、菜丁等。这样，可使食材在短时间内在高温油脂作用下快速至熟。如果食材切割的过大，在短时间内难以致熟，不得不在锅中加工较长时间，这使食材长时间在高能高温作用下，蔬菜必然会失去水分变形、变色，失去鲜味，肉类食材会因失去过多水分变老变硬、咬不动，且产生异味。

2.油量适中，须懂得油脂在炒制中发挥着多重作用

在烹饪过程中，油脂具有多方面的不可替代的重要作用：

一是加热致熟作用。作为高温和食材之间的传导中介，使食材由生变熟。

二是保鲜作用。由于油脂沸点高、升温快，食物原料在锅里能快速成熟，使菜肴外焦里嫩、香脆可口，保持食物本身的鲜味。

三是增色作用，可以让炒出来的绿色蔬菜翠绿鲜亮。

四是增香作用。油脂本身具有芳香味，在油烹饪过程中，产生脂肪酸，吸收葱、姜、蒜、花椒、大料等调料品的香味，使得烹饪出的菜肴具有浓郁香气。

五是润滑作用。油有润滑作用，在炒制过程中，减少食材原料与锅底锅壁之间的摩擦，避免粘锅、巴锅，使搅拌翻炒较为容易，

并保持原料的完整性，让菜肴清润可口。

3. "火为之纪"，火候是炒制烹饪成败的关键要素

火候是指炊具燃烧的火源的力量大小与时间长短。

准确而恰当地调控和掌握好火候，是炒菜烹制成败的核心和关键要素。

在烹饪过程中，必须根据食材原料的软硬嫩脆程度、质地特点，和食材切割的大小、厚薄、形状，以及菜肴制作要求，准确而恰当地掌握火候。否则，即使有好的原料、辅料、刀工，但火候掌握不当，炒制烹饪也是难以成功的。要么，因为火力太弱，菜肴不能入味，甚至食物半生不熟；要么，因为火力过猛，菜肴变硬变老、失去鲜嫩爽滑，甚至会煳焦。

早在2 300多年前，春秋时期（约公元前3世纪）吕不韦主编的《吕氏春秋·本味》就提出了"火为之纪"的烹饪思想。而在中华饮食特有的炒菜（炒制烹饪）方法中，火候的把握和控制尤为重要。不同于之前的煮制、烤制、蒸制，炒制时，锅底放入的食用油有限，它依靠油脂和锅器传导高温作用于食材，在较短时间内烹制荤素食材。火候分武火和文火、猛火和慢火等，而对火候的熟练掌握需要通过长期的个人烹饪实践训练，在积累经验的基础上方可了然于心。不同的火候，适用于不同的食材烹制，其精髓如同调味一样极不确定，只可意会，不可言传。一般来说，三四成热为低温油，油温约为90~120℃；五六成热为中温油，油温约为150~180℃，油面翻动，青烟微起；七八成热即高温油，油温为200~240℃，油面转平静，青烟直冒。不同的食材适合的油温不同。

18世纪，清代美食家袁枚在其《随园食单》第一章"须知单"的"火候须知"一节，总结了关于火候的一般规律："熟物之法，最重火候。有须武火者，煎炒是也，火弱则物疲矣。有须文火者，煨煮是也，火猛则物枯矣。有先用武火而后用文火者，收汤之物是也；性急则皮焦而里不熟矣。有愈煮愈嫩者，腰子、鸡蛋之类是也。有略煮即不嫩者，鲜鱼、蚶蛤之类是也。肉起迟则红色变黑，鱼起迟则活肉变死。屡开锅盖，则多沫而少香。火熄再烧，则无油而味失。道人以丹成九转为仙，儒家以无过、不及为中。司厨者能知火候而谨伺之，则几于道矣。"

4.适当翻搅

油脂加热后，把肉或蔬菜放入锅中，加入调料，并根据锅中烹制情形，用炒铲炒勺适时地搅拌和翻动，以使全部食材充分致熟，并使调料味在翻炒之中浸入菜肴之中。

上述所列只是炒菜的一般要则，具体到不同的炒制原料、菜肴的烹制，各有各自特殊而具体的操作要求。如，炒青菜的具体要求有两点：一是炒青菜要用武火、大火，就是火一定要旺盛劲猛，旺火大火炒出来的青菜水分蒸发快，特别香，色泽新鲜，要是火力不够强劲炽烈，不然炒的青菜感觉很不鲜香；二是炒青菜不能先炒好青菜再放食盐调味，这样会使青菜炒的不够香，而要先把食盐和葱姜蒜在热油中爆香后，再投入青菜烹制，这一点是很关键的。

（二）炒的分类

作为中国烹饪技艺的主要烹饪方法，炒的具体方式方法之种类十分繁多。依据的分类标准不同，会有不同的分类。如，有爆炒和滑炒之分，煸炒和熘炒之分，生炒和熟炒之分，大炒和小炒之分，抓炒和啜炒之分，干炒和软炒之分，老炒和托炒之分，清炒和荤炒之分，等等，不一而足。

这里简单介绍几种常见的炒菜方式。

清炒——锅内放少些油，待油温七八分热，迅速将菜倒进锅内进行翻炒，待炒至六七成熟或者快断生时，马上加盐和味精再翻两下出锅。一般不放姜、葱、蒜等杂物。炒青菜简单易做，省时省力。但是，如果不得要领、不掌握技巧，炒的青菜要么一点

清炒菜心

都不香，要么青菜里都是水，软趴趴，没有一点鲜香气。如，清炒油菜一定要大火快炒，这样菜才会香脆，而且也不会夹生、出汤。油菜中含有丰富的钙、铁、维生素C和胡萝卜素，是人体黏膜及上皮组织维持生长的重要营养源，对于抵御皮肤过度角化大有裨益。

爆炒——适用于小块鲜嫩原料，爆菜食材原料一般都是动物肉类，或者荤素搭配，但是素菜为配料。爆炒要注意正确掌握火候和油温，爆的全过程基本都用大火。爆炒操作速度极快，要在瞬间使食材原料致熟，然后加以调味，以咸鲜为主。常用的材料有肚尖、鸡、鸭胗、墨鱼、鱿鱼、海螺肉、猪腰，羊肉等。按所用调料

酱爆尖椒羊肉

不同分为酱爆、葱爆、芫爆、清爆等，如酱爆肉丁。

滑炒——选用质嫩的动物肉食原料，经过改刀切成丝、片、丁、条等形状，用蛋清、淀粉上浆，用温油滑散，倒入漏勺沥去余油。原勺放葱、姜和辅料，倒入滑熟的主料，速用兑好清汁烹炒装盘。因初加热采用温油滑，故名滑炒。滑炒时火候要把握到位，温度过低肉会干老、无嚼劲，温度过高则会粘锅。如，滑炒鱼香肉丝，鱼香肉丝是川菜中一道特色名菜，该菜品以泡辣椒、生姜、大蒜、糖和醋炒制猪里脊肉丝而成，其咸鲜酸甜兼备，葱姜蒜香浓郁，其味是调味品调制而成。

纯肉烹制的鱼香肉丝

荤素搭配的鱼香肉丝

生炒卷心菜

　　生炒——又称火边炒，以不挂糊的原料为主。先将主料放入沸油锅中，炒至五、六成熟，再放入配料，配料易熟的可迟放，不易熟的与主料一齐放入，然后加入调味，迅速颠翻几下，断生即好。这种炒法汤汁很少，清爽脆嫩。如果原料的块形较大，可在烹制时兑入少量汤汁，翻炒几下，使原料炒透，即行出锅。放汤汁时，需在原料的本身水分炒干后再放，才能入味。

　　熟炒——如果是肉类食材，先将大块的原料加工成半熟或全熟（煮、烧、蒸或炸熟等），然后改刀成片、块等，放入沸油锅内略炒，再依次加入辅料、调味品和少许汤汁，翻炒几下即成。熟炒的原料大都不挂糊，起锅时一般用湿团粉勾成薄芡，也有用豆瓣酱、甜面酱等调料烹制而不再勾芡的。如果是蔬菜食材，就比较简单了，先把切好的菜段、菜丁等在开水中焯至半熟，然后在入油锅快速炒制，将熟时，调味即出锅可。一般蔬菜焯水二至三分钟即可，具体要根据食材特点而定。焯水时间过短，下油锅炒制时难于致熟，导致炒制时间太久而失去新鲜感、口感很差；反之，焯水时间过长，会使蔬菜食材变形变色，失去鲜嫩口感。

芹菜炒腰果

　　煸炒——又称干煸或干炒，平常大多叫作干煸。它是一种较短时间加热成菜的方法，原料是经刀工处理后、不挂糊的小型食材原料，锅中倒入少量油脂，中火加热油脂至八成高温，投入食

干煸香辣四季豆

材，快速翻炒，炒到食材原料表面焦黄，食材原料见油不见水汁时，加调味料和辅料继续煸炒，至原料干香滋润而成菜。成菜菜色应为色黄（或金红）油亮，菜品口感干香滋润，酥软化渣，具有无汁醇香的风味特征。煸炒菜式特点是干香、酥脆、略带麻辣。

（三）炒菜的注意事项

炒菜是我们每天生活中都要做的事情，但是看起来一件日常生活平常之事，想要做好，没有一定的经验累积、不掌握一定的技巧，也不是轻而易举的。下面简单介绍炒菜的几点错误做法，供读者朋友参考：

一是图省事，不刷锅继续炒菜。

有的人犯懒，看着炒过菜的锅不是很脏，就图省事懒得再去洗刷一下了，其实这些看似干净的锅，表面会附着油脂和食物残渣，如果再次进行高温加热的话，很可能会产生苯并芘（Benzopyrene）等致癌物质，而且残留的食物也会被烧焦，存在致癌隐患。

二是等锅中油脂冒烟时，才把食材下锅。

一般我们使用的压榨类植物油，起烟点通常在107度到180度之间，而精炼类植物油的烟点可达230度，所以，如果等到油冒烟时才下锅，那么锅中早就因为高温产生了大量的有害物质。

三是出于节俭考虑，用剩油炒菜。

有时炒菜之后，锅底会留下不少油脂，有的人往往会出于节俭考虑，用这些剩余的油脂继续炒下一道菜，而不是把这些锅底油先清理掉。其实，食用油脂经过高温反复使用，很容易产生致癌物质，如苯并芘、醛类等，所以说，食用油最好只使用一次。

四是做菜先过油。

有的人喜欢先将食材在油里过一下，捞出来再炒，认为这样炒出来的菜更香一些。可是，虽然菜品可能会气味香浓，但是很容易导致油脂摄入超标，且破坏了菜品本身的营养。

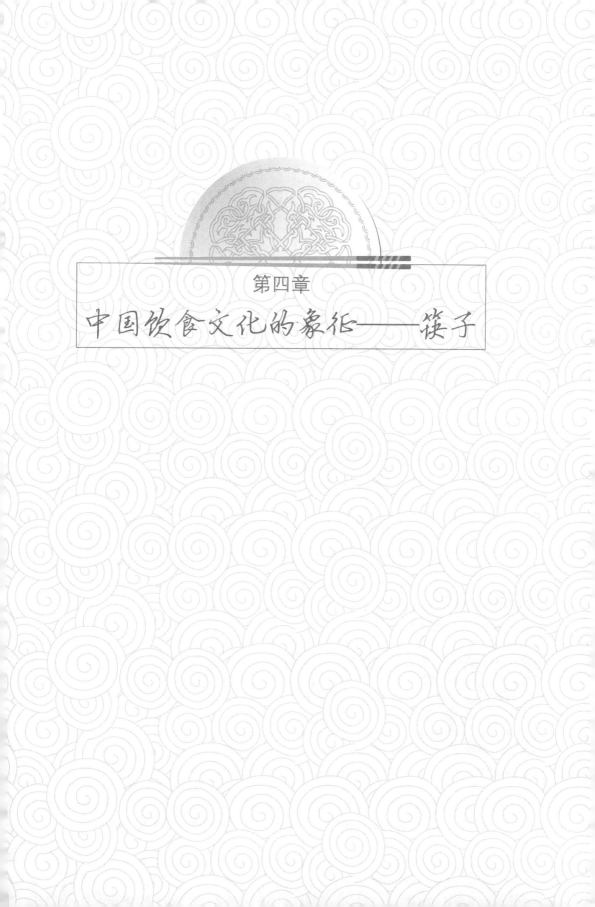

第四章

中国饮食文化的象征——筷子

当今世界，人类进餐的工具有三：筷子、刀叉和手指。每种进餐方式都是相对应的民族饮食烹饪文化发展的产物。二十世纪八十年代，曾有美国学者描述了一个用刀叉进食、用筷子吃饭和用手抓食的世界饮食文化地图：刀叉进食，主要分布在欧美地区；用手抓食，多为非洲、中东、印度尼西亚及印度次大陆的许多地区；用筷子吃饭，主要分布在东亚地区[①]。

其中，筷子是当今处于东亚地区的中国、日本、韩国、朝鲜四国，和处于东南亚地区的越南、马来西亚、新加坡等国，共计约18亿人一日三餐的主要进餐工具。日本、韩国、朝鲜、越南等国的用筷习俗在历史上都是从中国传入的，有学者将"东亚文化圈"形象地称为"筷子文化圈"。

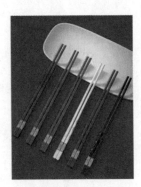

筷子
chopsticks

美丽的筷子

---

① 纳尔逊：《用手指、叉子还是筷子》，《环球》1983年第10期，江涛摘译。

筷子是中国古人发明的既简易又复杂、精妙而独特的进餐工具。

一双筷子由两根竹质细棍（或木质及金属材质）组成，制式简洁、精妙灵动，蕴含着先进的杠杆物理学原理和深厚悠久的烹饪文化内涵，是几千年中华饮食文化发展的智慧结晶，在世界饮食文化史上独树一帜、别具一格。

一、筷子是六千多年前华夏先民蒸煮烹饪文化的产物

中国是筷子的发源地，这是毋庸置疑的历史事实。

筷子是6 000多年前新石器时代华夏先民蒸煮烹饪文化的产物，筷子的普及始于2 200多年前的汉代。筷子作为主要进餐器具，与中国独有的炒菜烹饪文化紧密融合、相辅相成、相得益彰。

（一）筷子的产生和演变的历史过程

中国人使用筷子的最早时间，并不止于通常流传的3 000多年前的中国青铜时代商王朝，而是可以追溯到中国新石器时代，"考古发掘和研究表明，筷子文化早在6 000年前，便广泛分布于江淮大地和广阔的黄河流域"①。

筷子作为中国人的进食工具，按其产生、演变和不断进化的历史逻辑，大致经历了以下几个发展阶段：

1.旧石器时代：独根木棍阶段

在中国远古旧石器时代，华夏先民处于火石燔炙的原始饮食

---

① 赵荣光：《中国饮食文化》，高等教育出版社2003年版，第228页。

文化阶段，在漫长的岁月里，原始人用一根木棍在火堆里或石头上挑拨和叉取肉食，所使用的木棍既是肉食的烧烤工具，又是取食手段。

中国历史上的筷子，正是由这一根木棍的使用演化而来。

2.新石器时代中期：两根木棍或骨棒成双的骨箸和木箸阶段

如本书第一章所述，大约距今8 000年到5 000年前，处于原始社会的华夏民族进入了新石器时代中后期。此时原始农业稻、粟和黍的种植生产活动，以及原始畜牧业猪、狗和牛等牲畜的饲养活动已趋于成熟稳定，相应的熟食器具——陶器的制作技术也比较成熟并定型下来。华夏先民的饮食生活发展到了使用陶制炊具进行水煮汽烹的"蒸谷为饭、烹谷为粥"的饮食文化阶段。为避免陶鬲或陶釜中高温煮沸的谷物粒食、菜食、肉食黏糊于陶鬲或陶釜内壁，古人用两根细小木棍合成一对，在陶鬲、陶釜、陶鼎等炊具中搅拌，并在食熟之后，使用两根细小木棍在高温陶器炊具中夹取谷物粒食、菜食或肉食，这个阶段大约持续了3 000年之久。这也就是中华筷子产生的起源。

换言之，中国历史上，筷子的起源或发明是华夏先民使用陶制炊具进行水煮汽蒸的饮食烹饪活动的必然产物。

中国史书中记载着中华民族的先祖——夏朝建立者大禹发明筷子的传说，后人虽无从考证其真实性，但是，这几千年的历史流传所描述的，大禹为了能抓紧时间治理洪水、为了在第一时间从滚烫的高温陶制锅釜中取食肉食，砍下两根树枝夹取而食的情景，无疑在客观上反映和折射出了筷子作为中国古代水煮汽烹的陶制炊具是烹饪文化的必然产物，或者华夏这一饮食烹饪文化的内生必然性。

中国考古发掘的实践业已证明，在新石器时代中后期的中华大地上，筷子已经在使用了。二十世纪九十年代，江苏高邮发掘的新石器时代的龙虬庄遗址曾出土大小相同的42根细骨棒，其形状不尽相同：有的是一端平或钝平，另一端尖圆，而个别的则是两

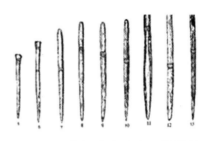

龙虬庄遗址出土的骨箸

端尖圆；长度也有差别，从13.3厘米到18.5厘米之间不等。经过化验分析，骨棒壁上竟出现食物残留物。无疑，这42根骨棒就成为迄今为止考古发现的历史上最早的筷子的实物——距今6 600到5 500年前的21双骨箸。数量如此多的骨箸集中出土，充分表明中华先民在6 000多年前就已经开始使用筷子了。尤其是，在20世纪江苏考古界组织的4次大规模考古发掘中，发现的4 000多粒距今7 000到5 000年的碳化稻米，令人瞩目。这一发现，不仅将中国人工栽培水稻的历史提早到5 500年前，而且有力地证实了本书在第一章所述，即华夏先民在进入新石器时代中期后，形成了成熟的陶制炊具的制作工艺技术，从而使华夏民族进入"蒸谷为饭、烹谷为粥"的水煮汽蒸的真正的饮食烹饪文化时代。考古发现的21双骨箸，正是古人"蒸谷烹粥"所不可或缺的煮食搅拌和进食夹取的饮食工具。

无独有偶，与龙虬庄遗址同样处于长江流域下游地区，也是距今大约7 000到6 000年前的中国新石器时代遗址的浙江河姆渡遗址，考古中发现了距今约6 000年前的骨刀、骨叉。

世界现存最早骨制刀叉——河姆渡遗址出土

可见，中华先民在距今6 000多年前就开始使用"筷子"助食进餐。

顺便说一下，中国古人使用叉子和勺子的历史更早一些。大约在距今8 000年前的新石器时代中期之前就开始使用叉子、刀子、勺子（古汉语中"匕匙"就是勺子）一类的助食器具了，叉子直到战国时期仍在使用。20世纪80年代，河南洛阳战国墓葬曾出土了捆成一捆的51枚餐叉。战国以后，餐叉可能被淘汰了，记载和实物较少出现。

3.夏、商、西周青铜时代：铜箸阶段

到了夏、商、西周青铜时代（公元前21世纪—公元前8世纪），王室贵族阶层使用铜制炊具和食具，青铜制作的"梜"被用来抓取菜食。勺子（匕匙）和筷子在先秦时的分工很明确：勺子用来吃粒食米饭，筷子用来吃羹里头的菜。例如，成书于汉代的儒家经典《礼记·曲礼》记载："羹之有菜者用梜，其无菜者不用梜。"意

思是说，在先秦时代，筷子只是用来夹取汤（古代称之为羹）中的菜食的，而没有菜食的羹汤则不使用筷子，而是用勺子（匕匙）取食。因为用筷子从羹汤里捞取菜食夹而食之比较方便，用勺子（匕匙）则较难取食，不容易固定住蔬菜菜叶。"梜"又作"筴"，后改称"箸"，都是筷子的早期名称。考古发现的最早的铜箸，出土于河南安阳商代晚期墓葬殷墟。

河南安阳殷墟遗址出土的3 000多年前商代铜箸

除青铜箸外，商代王室贵族还用上了象牙箸。古籍文献记载，商纣王制作使用精美象牙箸，《韩非子·喻老》说："昔者纣为象箸而箕子怖。"纣为商代末朝的君主，以此推算，公元前1100年前后，也就是在3 100多年前，已制作、使用精制的象牙箸。

4.从春秋时期到汉代：竹筷阶段

从春秋时期到汉代，随着筷子的制作材料由青铜转变为竹子，铜箸演变为竹箸，相应地，筷子的使用进入逐步普及阶段。到了汉代（公元前202年—公元220年），筷子逐步取代勺子、刀叉成为主要的进餐用具。

春秋时期制作使用的青铜箸，在中国的江南和西南地区都有发现。据《文物》杂志1980年第8期记载："安徽（省）池州（市）贵池（区）里山（乡）徽家冲窖藏，出土青铜箸一双，长约20厘米，经考证为春秋晚期之物。"河南安阳殷墟1005号墓也曾发现6支铜箸头。

汉代之前，中国人餐具是刀、叉、筷、勺并用，筷子还没有成为占据主要地位的进餐用具。从汉代开始，筷子逐渐成为主要进餐用具。

汉代古箸发现较多，除铜制的外，南方还发现不少竹制的。由于铜箸氧化后有毒，汉代起铜箸渐渐消失。在不少汉代墓壁画和画像砖上，常可以看到用箸进食的图像，表明汉代箸的使用已经相当普遍。汉代古箸大都具备了首粗足细的特征，如湖北云梦出土的竹箸，首足直径分别为0.3和0.2厘米，是古箸中较为纤细的一种。

20世纪70年代在中国湖南发现发掘的著名长沙马王堆汉墓，是西汉初年长沙国丞相轪（dài）侯利苍的家族墓地（公元前2世纪，距今约2 200年）。马王堆汉墓出土了闻名于世的辛追夫人不腐尸体，历经2 100多年依然保存完好，除此之外，共计出土3 000多件珍贵文物。其中一个摆放食物的漆案，案上放着五个盛有食物的小漆盘，两个酒卮（zhī，古代酒杯）、一个羽觞（shāng，耳杯）和一双竹筷子。这双筷子——竹箸，是现已发现的历史上最早的竹制漆筷，长24.6厘米，直径0.3厘米。且墓中有落葬纪年木牍文献，木牍记载的漆案、漆盘、漆碗、漆箸的制作时间为"十二年二月乙巳制"，据考证为汉文帝十二年（公元前168年）制作，表明至少在那个年代，竹制筷子已经开始上漆了。

到了公元3世纪的魏晋时期，筷子普遍使用，这大量反映在现存著名的魏晋壁画墓群中。魏晋壁画墓群位于中国西北地区的甘肃省嘉峪关市东北20公里处的一片广阔无垠的大漠上，大漠上散布着1 400多座魏晋时期（公元220—419年）的地下壁画砖墓群，被誉为"世界最大的地下画廊"。在魏晋壁画墓群中，可以看到魏晋时期所使用的的"筴"。

图中两根长棍为竹箸，是现存最早的
竹筷，系公元前168年西汉制作

5.明代：方首圆足的筷子样式定型，"筷子"的称谓出现

隋唐时代出土的古箸多用白银打制，有的长达30厘米，直径0.5厘米，属于较为粗长的一类。宋代出土的古箸则不常见

魏晋时期的筴

长及30厘米的，一般都在20厘米上下，也都是首粗足细的圆棒形。

从明代开始，出土的筷子都是方首圆足的外形、式样，如明定陵出土的金银箸。这说明现代筷子的流行款式、造型是在明代定型的。

（二）中国筷子名称的历史演变

筷子的称呼，在不同历史时期不一样。

概言之，筷子名称的历史演变主要有三：先秦时代称为"梜"，汉代时已称"箸"，明代开始称为"筷"。

考古出土的唐代银箸

如前所述，成书于西汉时期的儒家经典《礼记·曲礼》在记述先秦礼制时写道："羹之有菜者用梜"，而西汉时期史游编撰的儿童启蒙教科书《急就篇》明确写道："箸，一名梜，所以夹食也。"

"箸"是筷子从汉朝到明朝（公元1368—1644年）中叶以前的规范称谓。"箸"事实上是一个形声字。汉代许慎在《说文解字》说："箸，从竹者声。"说明"箸"最初就是用竹子为材料制成的，因而形成"箸"字时，就源自其最初所用材质，故从"竹"，以象征其本质。

在明代之前，并无"筷子"称谓。如宋代高承编撰的10卷类书《事物纪原》（大型工具书）只有"箸"而无"筷"。直到公元15世纪也就是明代中期，鉴于民俗避讳习惯，"筷子"一词方才出现。15世纪明朝中期，由于"箸"和"住"同音，各地船家行船十分讳

"住""翻"，便反其音而称"箸"
为"快儿"；又因为是竹子材质，
后便有了"筷儿""筷子"的称谓。
明代中期陆容编撰的史料笔记《菽
园杂记》[①]和李豫亨杂著《推篷寤
语》中便已明确记载。陆容《菽

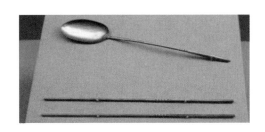

考古出土的明代金筷子和勺子

园杂记》云：吴俗舟人讳说"箸"，因为"住"与"箸"谐音，故改
"箸为快儿"。意思是说，吴中地区的船民和渔民特别忌讳"箸"，他
们最怕船"住"，船停住了，行船者也就没生意，他们更怕船"蛀"，
木船"蛀"了漏水如何捕鱼？于是乎，反其道而行之，改称"箸"
为"快子"，以图吉利。李豫亨《推篷寤语》说得更明白："世有讳
恶字而呼为美字者，如立箸讳滞，呼为快子。今因流传已久，至有
士大夫间，亦呼箸为快子者，忘其始也。"

　　不过，在随后较长的历史时期，箸和"快儿""筷儿"两种称
呼同时混用，这种情况在《金瓶梅》《红楼梦》等明清长篇小说中都
有所反映。

　　有趣的是，虽然明代已有人称"箸"为"快"，但清朝皇帝康
熙却较真，固执地不承认民间将"快"字加了竹字头的"筷"字。
这可以从《康熙字典》中仅收录"箸"而不收"筷"得到证明。
然而，终究皇帝也难以抵挡民间怕犯忌、喜口彩的潮流。在清朝
曹雪芹所著《红楼梦》四十回叙述贾母宴请刘姥姥一段中，曹雪
芹三处称"箸"，两次呼"筯"（zhù），而四次直接写明"筷子"。
再如，清代吴敬梓创作的长篇小说《儒林外史》第二十二回生动地

---

① 陆容：《菽园杂记》，上海古籍出版社2007年版。

描写道："走堂的拿了一双筷子，两个小菜碟，又是一碟腊猪头肉。"可见，最终人民群众才是历史真正的创造者，随着时间的推移和文化的传播，"箸"的称谓在民间趋于消失，"筷子"的称谓逐渐取代"箸"，沿袭至今，最终成为中华饮食文化一个独特的标志性概念元素。

二、古老的中国筷子，蕴含着物理学的杠杆原理

筷子的计数单位是"双"或"副"，正确、规范的说法是"一双筷子""两双筷子"，或"一副筷子""三副筷子"，不能说"两根筷子"或"四根筷子"。

筷子的造型有首尾之分或上下之分，其规范造型形式是方首圆

筷子造型是方首圆足

足或上方下圆，即，筷子上半段的外形是四方的，下半段的外形是圆形的。这样做是有其合理性的：右手持筷是在筷子上半段的方正区，方正造型便于把筷子夹持的稳而紧，便于以适当的力度夹取食物；下半段造型为圆形，且越向下越细，是为了方便在盘碗碟中灵活地夹取食物。

（一）筷子的正确执握方式和使用方法

1.右手的正确执筷方式

执握筷子前，需要先将两根筷的两端对齐——只能用两只手去把两根筷子整理齐整，而不可放在桌子上顿戳对齐。

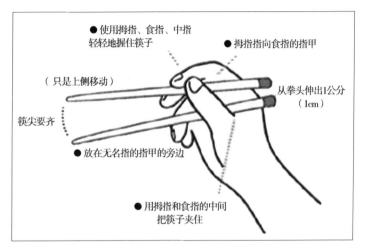

● 使用拇指、食指、中指
轻轻地握住筷子

● 拇指指向食指的指甲

（只是上侧移动）

从拳头伸出1公分
（1cm）

筷尖要齐

● 放在无名指的指甲的旁边

● 用拇指和食指的中间
把筷子夹住

正确的执筷方式

（1）把筷子从上首到下足分为上、中、下三个区段，从筷子上首末端留出1~2厘米左右，右手从筷首1~2厘米以下、整双筷子的上三分之一区段，执筷。切忌：在筷子中段或下段握住筷子，这样既不雅观，使用起来也十分别扭，难以灵活多样地夹、挑、扒、拔、叉、撕等。

（2）两根筷子之间相距约1厘米，是平行的，不能把两根筷子紧紧并在一起，否则将无法使用筷子夹取食物，筷子成为僵死物件。

（3）右手五指自然弯曲握住筷子。自然弯曲即可，不可形成向里握拳的态势，否则将无法做到上述的正确执筷方式，也就没法使用筷子。

（4）由右手大拇指和食指间的虎口和无名指尖端夹住一根筷子（称作下筷或阴筷），须稍稍用力把筷子稳稳固定住，不可使其松动。

（5）由右手大拇指末端、食指和中指配合捏住另一根筷子（称作上筷或阳筷），这三指对筷子的捏持要轻松自然，不可用力过紧，以便于夹取食物时转动这根筷子。

（6）小指放松，自然弯曲即可。

2.正确夹取食物的方法

食指和中指把上方的上筷用力摁向下方的下筷，从而使上筷和下筷紧紧夹住食物。在夹取食物的整个过程中，只有食指和中指控制的上筷在转动，而拇指和无名指控制的下筷自身是固定不动的，即，一根筷子动，一根筷子是不动的。当然，这个用筷子的方法，讲的只是用筷子夹取食物时的操作要领，如果需要用筷子进行其他操作，如挑（挑菜或挑面条）、扒（扒饭或扒菜）、撕（撕肉）等，操作方法就另当别论了。

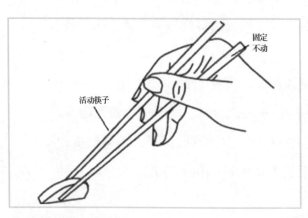

正确夹取食物的方法

（二）错误的执筷方式（六种图示）

以下六图显示的都是错误的执筷方式。

握拳式一

握拳式二

握拳式三

握拳式四

翘指式一

翘指式二

三、小筷子大学问——筷子文化深邃而微妙

两根筷子成一双，看似简单至极，却灵活轻巧、千变万化，蕴含和传承着丰富的中国传统文化精神，这跨越 6 000 多年历史时空的筷子，可以说是见微知著的中国文化象征。

（一）筷子的造型、样式和长度的文化寓意

筷子方首圆足，寓意中国古代天人观；筷子两根一双，寓意着中国古代太极阴阳观；筷子七寸六分长度，象征人的七情六欲。

两根成一双

1.方首圆足象征天圆地方和自强不息

筷子一头方、一头圆，上一半是方正稳健，下一半是圆润灵活，圆象征天，方象征地，上下一体寓意着中国古代哲学中的天圆地方的宇宙观。

中国古代天地人三才理论认为，世间万事万物的命运之数（发展变化规律），是由天道、地道和人道共同作用的结果，而人具有主

观能动性，可以向天、地学习，人道可以与天道、地道会通，通过法天正己、尊时守位、知常明变，建功立业，改变命运。所以，中国古代儒家主张和倡导的人生态度是"天行健，君子以自强不息；地势坤，君子以厚德载物"，意思是说，天道刚健不屈、生生不息，君子应该效仿天，自强不息，面对人生，建功立业；地道宽厚柔和、孕育万物，君子应该效仿地，厚德载物，胸怀宽阔，包容共生。

当人们用筷子吃饭时，很自然地把右手五指分工成为三个部分，拇指和食指在筷子上方——寓意天道，无名指和小指在筷子下方——寓意地道，中指在中间代表人——寓意人道，三方共同象征中国古代的天地人三才之象。

2.两根一双蕴含阴阳和谐与圆满幸福

筷子两根为一双，其称呼为"一双筷子"，而不是"两根筷子"。这里蕴含着中国古代的太极和阴阳的观念。中国古代哲学中，所谓太极，是指在事物内部既对立又和谐的辩证关系基础上，事物所呈现出来的统一圆满状态。就是德国古典哲学辩证法原理所讲的，矛盾双方，既相互冲突、相互作用，又相互依存、相辅相成，从而共处一个统一体之中，或者共同发挥作用完成一个功能使命。在中国古代哲学话语体系中，既对立又依存的双方，称为阴和阳，简而言之，太极是一，阴阳是二；一就是二,二就是一；一中含二，合二为一。

筷子在使用的时候，讲究两根筷子之间的配合和协调，上根筷子为阳，下根筷子为阴。当筷子要实现夹取食物的功能时，必须是一根动，一根不动，即阳动、阴不动，阴阳两根筷子的动与不动，必须配合协调好，和谐一致，筷子的功能才能实现，筷子才成其为筷子。

3.筷子长七寸六分，代表人的七情六欲

传统筷子的标准长度是七寸六分（寸和分是中国历史上使用的古老传统长度单位），相当于25.3厘米。筷子长度规制为七寸六分，代表人的七情六欲，而七情六欲在中国文化中表示人的各种情感和欲望。

"七情"是哪七种情感，有不同说法，一般指喜、怒、忧、思、悲、恐、惊。"六欲"是哪六种欲望，同样有不同说法：东汉时期高诱的解释是"六欲，生、死、耳、目、口、鼻也"，后人将六欲概括为：见欲（视觉欲望）、听欲（听觉欲望）、香欲（嗅觉欲望）、味欲（味觉欲望）、触欲（触觉欲望）、意欲（精神心理欲望，如展示自我欲、名欲、爱欲，嫉妒欲、权力欲等），"六欲"应当是泛指人的各种生理欲望和心理欲望。中国传统医学文化观念认为，七种情志激动过度，就可能导致生命的阴阳失调、气血不周而引发各种疾病。同样，中国佛教文化认为，人生欲求过度，会招致各种危害和祸患，主张内心纯净，不被欲求所染。

筷子长度规制为七寸六分，意思是，在日日三餐之时，时时刻刻提醒人们管理和控制好自己的情感与欲望，即要懂得自我克制、自我调适、自我修养。

（二）筷子的文化禁忌和美好祝愿

一双筷子包含着种种文化禁忌和美好寓意，折射着中华民族丰

富的传统礼仪文化。

一日三餐，筷子时时伴随着中国人的生活，筷子在中国人一生中默默无闻，却不离不弃地忠诚陪伴。热爱生活的人们，潜移默化地对筷子充满喜爱之情。而筷子也有它的个性，它要求主人尊重它，懂得对它以礼相待。唯此，筷子才会

一汤一饭一双筷

毫无怨言地奉献于人们的生活，成为人们生活中亲切温馨的文化元素。明代诗人程良规所写《咏竹箸》诗，道出了筷子的品质：

殷勤问竹箸，甘苦尔先尝。

滋味他人好，尔空来去忙。

几千年来，在筷子不弃不离左右相伴的温馨生活里，中国人总结和规约了种种使用筷子的忌讳或禁忌。这些忌讳或禁忌，都生动形象地蕴含着中华民族传统礼仪文化。现将筷子十二种禁忌介绍如下：

1. "三长两短"

吃饭时，不可以将两根筷子首尾不齐放在桌子上，这会被看作是大不吉利的，称之为"三长两短"。中国社会民俗，在人刚刚去世，尚未下葬之前，要把其尸体装进棺椁之中，但棺椁盖板暂时不盖，这时，棺椁就是由前后两块短木板、两侧加底部三块

"三长两短"

长木板构成，正是所谓"三长两短"。

——这个禁忌，是要人们懂得，一个人在社会中行走，做任何事情都是有规范的，应该自觉遵循礼仪规范、公序良俗，不能无所忌惮、任性而为。

2. "仙人指路"

吃饭时，用大拇指和中指、无名指、小指捏住筷子，而食指却向外伸出，无形中食指不停地指向他人，这一行为被讽刺为"仙人指路"。因为在现实生活中，有的人在责骂别人的时候，往往会用食指指着对方来说，所以，吃饭时无意之间用食指人，等同于对人不满意，同骂人是一样的。

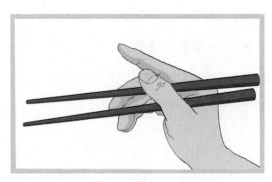

"仙人指路"

——这个禁忌，是要人们懂得，在社交场合要时时处处谨慎，注意自己的言行是否得体，避免在不经意之中，做出一些不妥当的言行，给别人造成不愉快，甚至伤害。

3. "品箸留声"

吃饭时，把筷子的一端含在嘴里，用嘴来回去嘬吸或舔舐，

"品箸留声"

甚至发出咝咝声响，这种行为极不雅观，被视为是一种缺乏家庭
教养的、无礼而卑贱的做法，令人生厌。

——这个禁忌，是告诉人们在公共场合，要注意一言一行合乎
规矩，举止庄重、仪态端庄，切勿举止粗俗轻佻，遭人耻笑。

4. "击盏敲盅"

吃饭时，用筷子敲击桌子上盘碗，这一行为类似于乞丐要
饭。因为在旧社会时代，只有乞丐到人家门口要饭时，才会用

"击盏敲盅"

筷子击打饭盆，乞求食物，所以，不允许在餐桌上"击盏敲盅"。若是发生此种行为，被看作没有教养之人。

——这个禁忌，主要是在家庭生活中，父母要教育和告诫孩子，吃饭时，不许用筷子敲打碗盆制造混乱和噪声，目的是教育小孩子做事要有规矩。

5."执箸巡城"

吃饭时，不顾及他人，手握筷子在餐桌上不同菜盘之间来来回回地寻找自己喜欢的菜食，不确定要在哪里下筷夹菜，手握筷子在桌子上游移不定，人们形象地把这种行为称作是"执箸巡城"，这样的行为是典型的缺乏修养的表现，给人感觉自私自利，不懂顾及他人，目中无人，令人反感。

——这个禁忌，是要人们懂得做人做事，不能只考虑自己的需要和利益，而不懂得兼顾他人的需要和利益。一个人太过自私自利，终究会遭社会唾弃，成为孤家寡人。

"执箸巡城"

6."迷箸刨坟"

吃饭时，拿筷子在菜盘里反复拨来扒去，找寻自己想吃的东西，这一行为就像盗墓者在刨人祖坟一样，称作"迷箸刨坟"，是十分令人生厌的做法。"迷箸刨坟"与"执箸巡城"类同，都属于缺乏教养和过于自私自利的做法，令人生厌。

"迷箸刨坟"

7."泪箸遗珠"

吃饭时，在用筷子往自己的餐碟里夹菜时，把食物上仍在流淌滴落的菜汁，掉落到其他菜盘里或掉落到桌子上，夹个菜洒一路，就跟筷子掉眼泪似的，这叫"泪箸遗珠"。这种行为被视为严重失礼，是不可取的。

——这个禁忌，是要告诉人们在公众场合要自觉遵守社会公德，懂得言行规范、讲究卫生、仪表整洁，树立个人良好形象。

"泪箸遗珠"

8."颠倒乾坤"

筷子造型有上下之分或首尾之分,首方足圆,上方的方正区用于右手持筷,下方的圆形区用于夹取食物。吃饭时,若是将筷子首尾颠倒使用、不分上下,这种行为会被人笑话、被人轻视。因为会被认为是饥不择食,不懂做事规矩,不顾礼仪,是无礼之人。

——这个禁忌,是要人们懂得礼无处不在、无时不在,人的一切行为都要合乎礼仪、合乎规矩。

"颠倒乾坤"

9.　"定海神针"

　　吃饭时，用一根筷子当作叉子去插盘子里的食物，会被看作是对同桌吃饭的人们的一种羞辱和挑衅。在吃饭时做出这种举动，无异于在欧洲当众对人伸出中指，是不可接受的。

　　——这个忌讳，是强调人与人之间要和平友好相处，蕴含了以和为贵的中国传统文化价值观。

"定海神针"

10.　"当面上香"

　　吃饭时，当自己因故需要暂时离开餐桌时，抑或是想要热情地帮别人盛饭时，为图方便省事而随意把一双筷子插在自己的碗饭之中，这种行为被看作大不敬和十分不吉利。因为在中国传统习俗中，只有在祭拜去世的祖先时，也就是只有在请死人享用餐食时，才会把香火插在香炉点燃。把筷子插入饭碗之中，就好像是给死人上香一样，所以说，把筷子插在碗里是不能被接受的。

　　——这个忌讳，是要人们懂得尊重他人，以礼待人。

"当面上香"

11. "交叉十字"

吃饭时，将筷子随意地交叉放在餐桌上，这称作在饭桌上打叉子，十分不雅观，会被以为是在内心对同桌的人们瞧不起、轻视或否定。因为，交叉摆放的两根筷子，就如同老师在学生作业本上给错题打叉子一样，不能被他人接受。而且，这种"交叉十字"也是对自己的不尊敬，因为封建社会时代，只有被人状告到衙门之上，吃官司画供时才打叉子。

——这个忌讳，是要人们懂得恭敬待人和自重之礼。

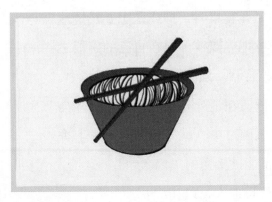

"交叉十字"

12."落地惊神"

吃饭时，失手将筷子掉落在地上，是一种失礼行为。因为已逝祖先长眠地下，不应受到打搅，莽撞将筷子落地，等于是惊动了地下的祖先，这是大不孝，所以叫做"落地惊神"。若是不慎发生此事，有其破解之法，就是赶紧用落地的筷子，在地上画出十字，其方向为先东西后南北，意思是"我不是东西，不该惊动祖先"，然后再捡起筷子。

"落地惊神"

——这个忌讳，是要人们懂得感恩和敬拜祖先之礼。

在中国社会民俗中，筷子除了有上述忌讳之外，还常常被当作喜庆、祈福和祝愿的礼物来送人。送与不同的人，其寓意不同：送恋人，寓意成双成对，永不分离；送新人，寓意珠联璧合，快生贵子；送爱人，寓意双宿双飞，同甘共苦；送老人，寓意快乐永久，福寿无疆；送孩子，寓意筷长筷长，快长快长；送朋友，寓意平等友爱，和睦相处；送师长，寓意耿直正直，桃李回报；送商友，寓意双木成林，合作长久；送老外，寓意国际友谊，源远流长。

四、中国筷子走向世界

（一）亚洲地区的"筷子文化圈"

筷子文化在东亚各国发扬光大，形成了亚洲地区的"筷子文化圈"。

筷子的样式只是"两根细棍"或"两根树枝"而已，看似简单，似乎没有什么复杂深奥之处。然而，事实上，它却蕴含和体现着数千年前中华民族祖先的聪明智慧和发明创造，无疑是中华饮食文化悠久灿烂的文明结晶。筷子这一中华民族物质文明元素，经受住了数千年民族饮食生活实践的历史检验。作为进餐工具，筷子十分实用，能够轻巧而灵活地做出挑、拨、夹、拌、扒等进食动作，而且其生产制作和使用成本很低，可谓"经济实惠、物美价廉"，别具一格，卓尔不群。

中华先民发明创造的筷子这一文明进食餐具，不仅几千年来为中华民族世代子孙带来福祉，也于东亚及东南亚各国广为传播。具体来说，筷子是东亚地区的中国、日本、韩国、朝鲜四国，以及东南亚地区的越南、马来西亚、新加坡等国，共计约20亿人一日三餐的主要进餐工具。这不能不说是中华文明对人类做出的一大贡献。日本、韩国、朝鲜、越南等国的用筷习俗，都是在其历史不同时期从中国传播开来的。正因为如此，世界上有学者将"东亚文化圈"形象地称为"筷子文化圈"。

筷子在越南、日本、朝鲜、韩国等国，都演绎出了其适合各国国情和饮食文化特点的民族化特色。越南的筷子长短大小和形状造型与中国的筷子基本形同，也是天圆地方，且越南人所使用的全是竹筷，一般不用木质筷子；日本的筷子也是木质的，但比中国筷子要短小一些，夹取食物的一头比较小而尖，这是因为日本人喜欢吃鱼，需要用比较尖锐的筷子头来挑拨鱼肉；韩国人多喜欢吃烤肉，主要使用耐高温的金属筷子，造型上偏好扁平。

20世纪80年代，有日本学者为了表达对筷子一日三餐"辛勤"

地为人们的生活服务效劳的感谢，建议将每年8月4日定为"筷子节"，该倡议得到社会大众的热烈响应。于是，1980年8月4日，一个名为"保卫日本的节日之会"之神社举办了供奉筷子的仪式，人们载歌载舞，庆祝这一神圣的节日，从此，日本有了"筷子节"。而2015年中、日、韩三国学者在韩国青州举办的筷子国际学术研讨会，则将11月11日确立为筷子节。

（二）中国筷子走向欧美国家

历史上，欧洲人对中国筷子文化的了解，就已知史料而言，最早是1554年曾有一位葡萄牙人说过：中国人"吃东西不用手抓，一般来说，不管大人还是小孩，都用两根筷子吃饭，以讲究卫生"[①]。

而最早把中国筷子正式介绍到欧洲的，是16世纪末17世纪初到中国传教的意大利传教士利玛窦（1582—1610年在华传教）。在其著作中描述道："中国这个古老的帝国以普遍讲究温文有礼而知名于世……他们吃东西不用刀、叉或匙，而是用很光滑的筷子，长约一个半手掌，他们用它很容易地把任何种类的食物放入口中，而不必借助手指。食物送到餐桌上时，已切成小块"[②]。

19世纪中叶以后，随着华侨不断地移居欧美国家，西方社会对中国筷子的了解逐步增多。在21世纪全球化的历史潮流下，中国筷子对于整个世界不再是什么陌生的新奇事物了，无疑，中国的筷子文化如今已经全球化了。例如，美国不少家庭的进食餐具，除刀叉以外，都会备有筷子；美国每年进口的各种筷子多达8 000万双以

[①] 费尔南·门德斯·平托：《葡萄牙人在华见闻》，王锁英译，海南出版社1998年版，第20页。

[②] 《利玛窦中国札记》，何高济等译，中华书局1983年版，第67-68页。

上。法国巴黎和许多著名的旅游城市，几乎到处都有使用筷子进餐的中国餐馆，法国国际美食旅游协会甚至制定了"金筷奖"，用来表彰出色经营的中餐及亚洲风味酒店。在德国旅游胜地海德堡，有家饭店对顾客或赠或卖筷子，很多顾客以得到中国筷子为荣；甚至有报道说，德国也有一个"筷子博物馆"，里面收藏有上千种不同历史时期的中国筷子。

据中国海关数据，2015年，中国仅木制的一次性筷子的出口金额就达1.81亿美元；到2019年，中国每年生产一次性筷子800亿双，而出口占到300亿双。非但如此，在经济全球化背景下，中国筷子的生产制造业已全球化了。据报道，2018年美国佐治亚州一个叫阿美里克斯的小镇成立了美国首家筷子生产企业，每天可生产200万双筷子出口中国。中国海关数据显示，2019年，中国一次性木制筷子进口数量超过2.8万吨，进口金额为1.88亿美元，而当年中国一次性木制筷子出口数量为5.5万多吨，出口金额超过6.1亿美元。

法国作家罗兰·巴特（Roland Barthes，1915—1980年）认为，相对于刀、叉，筷子具有一种母性的温柔，它不切、不抓、不毁、不穿……像是在移动一个婴儿时所表现出的那种恰如其分的谨慎温柔的动作。从17世纪早期意大利传教士利玛窦在其著作中对中国筷子的推崇性介绍和描述，到20世纪法国这位作家对中国筷子的赞美性评议，充分彰显了筷子作为中国饮食文化的代表和象征所具有的独特的文化魅力。正如亚洲食学论坛主席、中国食文化研究会副会长赵荣光教授在其所著《中国饮食文化概论》引述的《简明不列颠百科全书》中的文字所说："中国以筷子取代餐桌上的刀、叉，反映了学者以文化英雄的优势胜过了武士"。

参考文献

[1] 林乃燊. 中国饮食文化[M]. 上海：上海人民出版社，1989.

[2] 熊四智. 中国人的饮食奥秘[M]. 北京：中国和平出版社，2014.

[3] 王学泰. 华夏饮食文化[M]. 北京：商务印书馆，2017.

[4] 高成鸢. 味即道：中国饮食与文化十一讲[M]. 北京：生活书店出版有限公司，2018.

[5] 赵荣光. 中国饮食文化概论[M]. 2版. 北京：高等教育出版社.

[6] 黄耀华. 中国饮食[M]. 合肥：时代出版传媒股份有限公司，2012.

[7] 徐文苑. 中国饮食文化[M]. 北京：清华大学出版社，北京大学出版社，2014.

[8] 周凤翠. 饮食文化[M]. 济南：泰山出版社，2012.

[9] 李明晨，宫润华. 中国饮食文化[M]. 武汉：华中科技大学出版社，2020.

[10] 赵红群. 世界饮食文化[M]. 北京：时事出版社，2006.

[11] 赵霖. 平衡膳食，科学配餐[J]. 科学养生，2006（9）.

[12] 王晴佳. 筷子：饮食与文化[M]. 汪精玲译. 北京：生活·读书·新知三联书店，2019.